空中交通管制员疲劳管理

杨昌其　编著

西南交通大学出版社
·成　都·

图书在版编目（CIP）数据

空中交通管制员疲劳管理／杨昌其编著. —成都：西南交通大学出版社，2019.8
ISBN 978-7-5643-6715-2

Ⅰ. ①空… Ⅱ. ①杨… Ⅲ. ①空中交通管制－航空航天人员－疲劳－研究 Ⅳ. ①V355.1②R851.2

中国版本图书馆 CIP 数据核字（2019）第 003228 号

Kongzhong Jiaotong Guanzhiyuan Pilao Guanli
空中交通管制员疲劳管理

杨昌其 编著

责任编辑	孟秀芝
封面设计	何东琳设计工作室
出版发行	西南交通大学出版社 （四川省成都市金牛区二环路北一段 111 号 西南交通大学创新大厦 21 楼）
发行部电话	028-87600564 028-87600533
邮政编码	610031
网址	http://www.xnjdcbs.com
印刷	四川煤田地质制图印刷厂
成品尺寸	170 mm × 230 mm
印张	13.75
字数	247 千
版次	2019 年 8 月第 1 版
印次	2019 年 8 月第 1 次
书号	ISBN 978-7-5643-6715-2
定价	88.00 元

前 言

近年来，我国民航业发展迅速，随着航班量的大幅增加，管制员的工作强度日益增大，管制员所承受的工作负荷也相应增加，随之产生的生理和心理疲劳，对管制日常工作产生不利的影响。管制工作是一项高风险的智力劳动，需要时刻警惕飞行安全以及应对各种紧急情况。这样一种持续高压工作势必会引起疲劳作业。国内多次的调研报告指出，空中交通管制员的工作压力呈持续上升趋势，因此在管制工作中出现差错也不足为奇。疲劳是一种常见状态，疲劳是否有危害取决于主体正在做的以及将要做的工作，当主体变成肩负防止航空器相撞和维护空中交通秩序与流量的空中交通管制员时，疲劳的危害不言而喻，管制员的一次无意识的疏忽可能造成航空灾难。

由于管制员责任重大，长期处在较大的压力状态下，所以部分管制员会产生神经衰弱、入睡困难等情况，以致在工作过程中出现精神状态不佳，使发生人为差错的概率大大增加。管制工作是多方位的脑力活动，管制员会接收外界的原始信息，包括雷达显示的位置信息、飞行报文信息、飞行状态信息等，对于这些数据信息而言，管制人员会根据自身的实际管制经验和空管专业知识对它们进行加工识别，再通过无线电等媒介发布指令，通过电话与相邻管制区进行协调，并观察执行情况、及时总结和反馈。疲劳风险日益成为航空业关注的重点风险之一。各国逐渐意识到，疲劳对人为的影响严重威胁到飞行安全，一些飞行事故或事故征候被证明是直接或间接由疲劳所引发的。美国国家运输安全委员会（NTSB）报告，商业航空运营中，约 75%的致命事故涉及人为差错，机组疲劳占到 15%～20%。疲劳不能避免但可以控制，对疲劳的影响进行管理评估并采取适当方法加以控制，可降低疲劳对航空运营人的影响，最大限度地保证航空运营安全。当前，国际民航组织正在积极推进管制员疲劳方面的相关研究，科学有效的管理制度与预防方案正在逐步完善，系统、高效的管制员疲劳管控体系也正在逐步建立。

在我国民航运输业高速发展的今天，持续增长的空中交通流量使管制员工作负荷不断增加，为空域运行效率及飞行安全带来不利影响。对于某些特殊机场或繁忙空域，高强度的管制工作负荷、管制员不规律的生活方式以及管制工作的特殊环境导致的管制员疲劳风险隐患不容忽视。如何正确识别管制员疲劳，分析管制员疲劳产生的机理和致因，做好预防和缓解疲劳的措施，对我国民航空管安全、高效、持续的发展将产生很大影响。

本书主要内容包括九章。第一章绪论，在分析国内外航空疲劳管理现状基础上提出了管制员疲劳管理存在的问题。第二章人体疲劳研究基本理论，对疲劳及航空疲劳的概念、睡眠科学原理、生物钟与昼夜节律、生理周期和轮班制度等基本理论进行了定义及辨析。第三章对管制员疲劳问题构成及致因进行了详细分析。第四章对管制员疲劳状态及等级的主客观识别与测评方法进行了对比分析及应用。第五章对管制员疲劳风险评估的定义、原理及过程进行了分析，提出了管制员疲劳风险评估的方法并进行了案例分析应用。第六章提出了管制员疲劳风险防控措施。第七章对管制员疲劳风险管理系统的概念、构成及其与安全管理体系的关系进行了分析，对管制员疲劳风险管理系统的实施应用进行了分析。第八章对国内外管制员疲劳不安全事件进行了统计分析。第九章给出了结论。

在本书编写过程中，民航局空管办及民航局空管局有关部门及个人提供了大量的资料和数据，谭娟为本书的编写做了大量工作，参加本书部分内容编写和校稿工作的还有仇争平、郭九霞、杨运贵、廖勇、郑潇雨、李远、马梦尧等，在此一并表示衷心的感谢！

民航空中交通系统发展十分迅速，安全管理的要求日新月异，可能会导致部分内容和数据不能及时更新；同时，由于时间仓促，加之作者水平有限，书中难免存在不足之处，敬请读者批评指正。

作　者

2019 年 1 月

目 录

1 概 述

国际民航组织（ICAO）和管制员协会国际联合会（IFATCA）将空中交通管制员疲劳描述成一种状态，具体指管制员精神或身体的表现能力下降，生理状态处于睡眠损失或导致延长觉醒状态，或由于工作量（精神和/或身体活动）和倒班时差而影响主观活动的状态，即管制员的警觉性和执行安全相关职责的能力降低的一种状态。

1.1 研究背景及意义

1.1.1 国际背景

全球经济一体化进程的加快，世界各地的交流往来日益频繁，驱动着民航业高速发展。但在航空运行活动中，睡眠缺失、生物节律紊乱所导致的从业人员疲劳问题已成为影响航空安全的重大因素之一。美国国家运输安全委员会（National Transportation Safety Board，NTSB）的报告指出，在商业航空运营中，由疲劳所引发的人为差错比例约为 15%～20%[1]。美国联邦航空局（Federal Aviation Administration，FAA）的一项关于管制员疲劳的调查结果表明，约 80%的管制员在执行管制任务时感觉到疲劳，其中甚至有 20%的管制员一直存在疲劳感[2]。英国航空安全自愿报告系统的数据表明，直接与管制员疲劳相关的运行差错约占 13%[3]。2006 年，由于管制员疲劳造成国外某机场接连发生两起严重的跑道侵入事件[4]。2016 年，ICAO 在蒙特利尔召开了疲劳风险管理制度论坛会议以及旨在“从驾驶舱向空管单位的演变”的专题研讨会，提出各国应加强对空管人员疲劳问题的研究。同年，ICAO 发布的《空中交通服务人员疲劳管理指南》，对管制员疲劳问题进行了深入分析，提供了管制员疲劳管理的实施流程和管理规范等[5]。2017 年，ICAO 修改了《国际民用航空公约》附件 11，加入了管制员疲劳问题防范的国际标准和建议措施，预计于 2020 年生效实施。

根据美国FAA的统计数据，大约有21%的航空器事故与管制工作人员疲劳存在直接或间接的关系；美国新闻媒体报道，仅2011年前四个月，美国就发生了至少7起管制员睡岗的事件；英国安全报告系统（CHIRP）的数据显示，13%的运行差错直接与管制员的疲劳有关。民航空中交通管制员担负着防止航空器相撞、保障空中交通畅通的使命。管制工作在民航事业快速发展的今天，已经变得越来越重要了。随着我国航班基数的不断增加，因管制员疲劳引发的空中交通不安全事件的数量也越来越明显。因此，我们很有必要对管制员的疲劳因素进行研究，以求对管制工作有所帮助，保障航班安全、正常的运行。

1.1.2 国内背景

随着我国经济的高速发展，航空业已成为经济发展的支柱性行业。就运输航空而言，整体发展趋势持续向好。资料显示，2017年，全行业的运输总周转量达到1 083.1亿吨千米，同比增长12.5%[6]。空管保障架次每年都以10%的速度增长，大流量、高密度的管制工作带来的影响是管制员疲劳问题日益凸显，疲劳所引发的风险呈现逐年上升的趋势。我国某地区空管安全报告系统数据显示，在空管不安全事件中与管制员疲劳相关的工作差错约占18%[7]。

2013年，民航局空管局下发了“防范管制员疲劳的风险通告”（ATMB-2013-02），介绍了管制员疲劳对民航运行安全所造成的严重威胁以及疲劳缓解方法[8]。2017年1月，民航局下发了“民航管制员疲劳管理参考学习资料”（IB-TM-2017-01），要求各管制运行单位加强对管制员疲劳的管理和研究[9]。

管制员疲劳现象已成为我国空管行业重点关注的问题，疲劳所导致的管制员警觉性减弱、工作效能降低、“睡岗”、“暂时性失能”、“错忘漏”等问题都对航空器的安全运行造成了严重的威胁。例如2008年10月，华东地区某管制员在值班期间因睡岗导致飞行冲突。又如2014年7月，中南地区某两名管制员在执勤期间睡岗，导致某航班复飞。管制员疲劳已成为导致空管不安全事件发生的一个极大危险源，因此如何有效识别管制员的疲劳状态，评估管制员的疲劳风险等级，防控管制员的疲劳风险，在很大程度上影响着我国民航业的持续稳定发展。

1.1.3 研究意义

国内在管制员疲劳方面的研究正处于发展阶段，但目前对管制员疲劳状态量化测评的方法和疲劳风险定量评估的技术的研究较少，没有建立管制员疲劳程度和所导致的疲劳风险等级之间的科学联系，缺乏疲劳风险概率评估模型及算法等。总体来说，国内对于管制员疲劳定量研究的方法和理论还有待进一步丰富。

作为保障空中交通安全的管制部门，承担着促进空中交通安全、维护空中交通秩序以及保障空中交通畅通的重要使命。保持清醒的头脑和充沛的精力，具有良好的精神和身体状态，是空中交通管制员完成这一使命的前提。随着飞行流量持续高速增加，自动化程度不断提高和空管国际一体化进程加快，管制员工作负荷不断增加，以及当前空域及体制相关问题的制约，我国空管行业管制员疲劳问题带来的风险将会进入高压期。各种因素会造成管制员疲劳，导致其工作能力下降，产生注意力不集中、遗忘动态、应急处置能力下降甚至睡岗等不安全因素，从而威胁空管安全运行。正确有效地对管制员疲劳问题进行辨识与防范，对管制员疲劳致因机理进行深入挖掘，制定专门针对管制员疲劳问题的风险管理制度与预防措施，建立实施管制员疲劳风险管控体系，有效控制风险不仅成为必然选择，而且成为紧迫任务。因此，国内必须加强对管制员疲劳产生机理以及疲劳问题构成的研究，通过提出防控措施以促使空中交通管制员正确执行管制工作，保障飞行安全，促进国内民航事业的蓬勃发展。

1.2 国内航空疲劳管理现状

在空管安全人的因素领域，疲劳是一个重要研究方向，许多研究人员已在管制员疲劳研究方面取得了一定的成果，但大多数研究主要集中在疲劳致因分析、疲劳定性测量以及依靠传统风险评估技术对疲劳风险进行定性评估上。具体研究现状如下：

2005 年，李京利和邹国良提出了管制员疲劳是空管不安全事件的间接诱发因素，疲劳能造成各种形式的工作效能下降，从而导致事故和不安全事件的发生[24]。2007 年，丁松滨、石荣利用 D-S 证据理论构建了管制员风险评价指标体系，根据证据融合算法建立了管制员风险评价模型，通过仿真得到了管制员风险评价综合可信度分配表，结果表明该方法能很好地解决风险评价过程中的不确定性问题[25]。2011 年，杨智、罗帆针对管制员工作差错所造成的风险类型，基于粗糙集和 BP 神经网络的原理，构建了风险预警指标体系和实时预警模型，仿真结果表明该模型能够有效地预警管制员的工作差错风险[26]。2013 年，汪磊、孙瑞山提出了运用面部基本特征对管制员疲劳进行实时监测的方法，构建了管制员疲劳状态监测模型并进行了实例验证，结果表明该方法在一定程度上能够有效地监测管制员的疲劳状态[27]。

2014 年，袁乐平、孙瑞山等基于 DORATASK 方法对管制员的工作负荷进行了测量，将雷达管制操作时间和航空器架次作为输入指标，建立了管制员工作负荷测量模型，实例计算结果显示，该方法能准确地评估管制员的工作负荷[28]。高扬等通过分析管制运行设备的人机交互界面以及管制工作的特点，建立了基于云模型和模糊评价法的管制员岗位工效学评价体系，为管制员人因差错的研究提供了理论依据[29]。2016 年，吴锋广基于 SHEL 模型分析了管制员疲劳影响因素，建立了管制员疲劳致因关系网络图，运用 DEMATEL 法修正了通过 AHP 法所确定的各影响因素的初始权重值，构建了基于组合权重的管制员疲劳灰色关联评价模型[30]。

2017 年，Y. Zhao 等利用贝叶斯网络模型对管制员的人因差错进行风险评估，研究结果显示，管制员发布错误指令与交流异常存在 75%的相关性[31]。孙瑞山、马广福分析了管制员语音反应时与疲劳度之间的关系，结果表明管制员在正常情况下，其反应时呈正态分布，当管制员处于疲劳状态时，其反应时稳定性降低，甚至不再服从正态分布[32]。马广福通过对管制员的反应时间和自评量表分值进行建模，构建了一种嵌入式的疲劳风险测量方法。研究显示，该方法能有效地识别管制员的疲劳状态，实时测量管制员的疲劳风险[33]。

因此，正确地对管制员疲劳机理进行挖掘分析，研究针对我国管制员疲劳的监测方法和疲劳管理制度，加强管制员疲劳的高效识别与防范，对提高我国空管行业安全管理水平至关重要。

但是，我国对于管制员疲劳管理方面的研究与应用还处于初级阶段，与大部分国家一样，基本上都是参考 ICAO 的标准与建议，在规章中以规定工作时长的形式加以约束，无法客观反映管制员真实疲劳状况。

1.3 国外航空疲劳管理现状

2008 年以来，ICAO 和一些民航发达国家对飞行人员的疲劳管理研究取得了长足进步。

2011 年 6 月，国际民航组织（ICAO）颁布了“疲劳风险管理制度”的建议措施，要求航空公司运营人贯彻实施和监管机构实行监督。

2011 年 7 月，ICAO、国际航空运输协会（IATA）和国际私用航空器拥有者及驾驶员协会（IAOPA）共同发布了一份类似于监管机构指导手册的《商业航空公司运营人疲劳风险管理制度实施指南》。

2016 年 4 月，ICAO 在蒙特利尔召开了“疲劳风险管理制度论坛会议”以及旨在“从驾驶舱向空管单位的演变”的专题研讨会，对空管单位疲劳管理的关注度日益提高。

2016 年，ICAO 正式发布了《疲劳管理办法——监管手册（第二版，Doc 9966）》（曾于 2012 年发布《疲劳风险管理系统——监管机构手册（第一版，Doc 9966）》）。

2016 年，ICAO 发布的《空中交通服务人员疲劳管理指南》，旨在对空中交通服务人员的疲劳管理提供专门的指导。该指南说明了管制员疲劳的定义以及从工作负荷、生理、心理因素等方面分析管制员疲劳产生的原因，对疲劳产生的有关危害进行识别、分析，对管制员疲劳机理进行阐述，根据相关安全管理文件提出管制员疲劳管理的纲要参考。

目前，ICAO 修订了《国际民用航空公约》附件 11，加入了预防管制员疲劳的国际标准和建议措施，预计于 2020 年生效实施。

国外航空发达国家对民航从业人员的疲劳较早地进行了系统研究。如：

2009 年，美国联邦航空管理局和交通部在芝加哥奥黑尔国际机场空中交通控制塔、芝加哥航路交通管制中心、芝加哥终端雷达控制中心的审计报告中阐述了轮班制度、工作时间、人员配备水平、工作负荷（交通量与复杂性）、在职培训等管制员疲劳潜在的影响因素，并提出了相关缓解措施。

美国联邦航空局（FAA）开发的空中交通负荷输入技术（Air Traffic Workload Input Technique，ATWIT）是一种在标准时段内测量主观工作负荷的仿真技术。

FAA 对美国国家运输、睡眠等因素引起的疲劳进行了详细分析，在对历年由管制员疲劳因素引起的航空安全报告“管制员疲劳对航空安全的威胁”中，对管制员在工作中排班、工作负荷不安全事件的基础上进行了分析，阐述了管制员疲劳的含义，分析了引起管制员疲劳的诸多因素，重点提出了对应措施，有效地管理疲劳，从而避免因管制员疲劳问题导致安全隐患，不断完善空中交通安全系统，保障飞行安全。

美国国家航空航天局（NASA）在美国宇航局对管制员疲劳的评估报告中，美国联邦航空局通过开发疲劳风险管理系统，计划制定疲劳风险缓解策略。基于疲劳因素调查和管制员睡眠研究，对各个地区不同工作状态的管制员进行个人在线疲劳调查，疲劳因素的网络调查是对整个ATC劳动力和可用领域的一项研究，通过对不同睡眠质量下管制员的工作能力、工作状态、疲劳强度的评估分析，制订出合理的工作计划与排班方案。

NASA开发了一套NASA-TLX（National Aeronautics and Space Administration-Task Load Index）量表。它是一种多维脑力负荷评价量表，以六个维度等级的平均权重为基础，即脑力需求（Mental Demand）、体力需求（Physical Demand）、时间需求（Temporal Demand）、业绩水平（Performance）、努力程度（Effort）和受挫程度（Frustration）。其中，脑力需求指管制员执行工作时观察、思考、决策的脑力需求；体力需求指管制过程中管制员所需消耗的身体能量；时间需求指管制员工作过程中所承受的时间压力；业绩水平指管制员对自己在管制工作过程中的能力表现的满意程度；努力程度指管制员在管制时为了达到自己的能力水平所做的努力（精神和身体上的）；受挫程度指管制员在管制过程中是感到安全和放松还是感到有压力。

加拿大航空业建立了适合本国的疲劳风险管理系统（Fatigue Risk Management System，FRMS），其疲劳监测工具提供了评定员工睡眠时间是否充足的方法，但系统核心主要还是从员工工作负荷角度进行疲劳监测。

南澳大利亚大学睡眠研究中心和Inter Dynamics公司共同研发了一套疲劳监测软件（Fatigue Audit Inter Dyne Software，FAID），通过执勤时间、睡眠时间、身体恢复能力等指标评定管制员疲劳指数；与此同时，FAID被确定为目前最适合用于空中交通服务需求的疲劳管理软件，澳大利亚也将此款软件用于本国空管疲劳的监察、审计以及建立相应的疲劳风险管理系统的硬件设施部分。

新西兰的疲劳风险管理系统（FRMS）主要包括疲劳风险管理政策、疲劳管理委员会以及教育/训练程序这三部分。其中疲劳管理委员会制定并且更新相关的疲劳风险管理政策，指导进行培训教育。在疲劳风险管理系统中，疲劳管理委员会收集来自他人的与疲劳相关的事故征候报告、自愿疲劳报告、内部审计报告以及其他与疲劳相关的机组报告，同时还收集自己发起的这样一些信息：计划与实际工作的不同、值班模式、疲劳数据、客观飞行数据、监测未计划事件以及旷工追踪等。综合分析这些数据后，可以监测疲劳信息，了解趋势，制定并实施一些缓解疲劳的措施。对于不同的组织机构，其具体的疲劳风险管理系统不一样；对于同一个组织机构中的不同工作人员，其相应的疲劳风险管理系统也不一样。

欧洲一些研究人员提出，通过分析被测人员五方面的生理指数（皮肤电压、皮肤导电率、皮肤血流量、体温、即时心律），获取管制人员生理和心理状况，进而获得管制员工作负荷。

疲劳管理是一种基于科学原则、以数据驱动的管理方法，对特定运行活动类型有关的疲劳进行管理。虽然目前该制度主要针对的是驾驶舱和客舱机组人员，但 ICAO 希望将其广泛用于所有关键航空安全人员，如空中交通管制员和维修人员。

1.4 国内外管制员疲劳管理存在的问题

当前我国民航空管行业对管制员的疲劳研究、管理方面还存在以下问题：

（1）主流的管制员疲劳研究主要将管制疲劳单一地归结于管制员的工作量负荷，包括管制空域内的飞机架次和飞行冲突，忽略了管制工作的人机界面、工作环境及组织管理等外在影响因素，缺乏对班组搭配、工作程序、工作环境等方面寻求降低空中交通管制工作负荷的方法。

（2）对管制员进行生理和行为指标的测量不失为评估管制工作负荷的有效手段，在一定程度上，测量几个关键的生理和行为指标能够合理地反映管制员工作负荷水平。但人体是一个复杂的系统，众多的生理和行为指标的重要程度难以精确估量，指标之间的关联性也决定了指标的选择难度较大。当然在测量技术的手段和方法的正确性方面也存在很大的质疑，需要涉及心理学、医学等其他学科和理论方法，这使得该方面的研究更加难以深入。

（3）缺乏对管制员疲劳内在人因机理的深入挖掘，在管制效能层面中并未分解管制员在空管运行当中的人因可靠性行为，人的每个关键行为与工作负荷的研究尚需建立关联性。

（4）缺乏对管制员疲劳人体生化机理的研究，疲劳是人体由完全活跃、精力充沛到完全静息即睡眠过程中一个接近睡眠前的状态，人体生化机理研究将有助于理解疲劳生理和行为变化，并可为疲劳识别提供客观的生化指标。

（5）缺乏针对管制员疲劳问题的有效的管理制度与预防措施，缺乏科学的疲劳管理方法，管控措施比较传统和单一，不能预先识别管制疲劳风险继而预防不安全事件；没有建立系统的、高效的管制疲劳管控体系，由管制负荷带来的危险源预防还处于发展阶段，安全监督与审查机制也需要明确和完善。

1.5 小 结

在我国民航运输业高速发展的今天，持续增长的空中交通流量使得管制员工作负荷不断增加，对空域运行效率及飞行安全带来不利影响，对于某些特殊机场和繁忙空域，高强度的管制工作负荷、管制员不规律的生活方式以及管制工作的特殊环境导致的管制员疲劳风险隐患不容忽视。如何正确识别管制员疲劳，分析管制员疲劳产生的机理和致因，做好预防和缓解疲劳的措施，对我国民航空管安全、高效、持续的发展将产生很大影响。本章在分析国内外航空疲劳管理现状的基础上，提出了管制员疲劳管理存在的问题，引出了本书后续论述内容。

2 人体疲劳研究基本理论

2.1 疲　劳

2.1.1 疲劳的定义

疲劳是一种非常复杂的生理和心理现象，它并非由单一的、明确的因素构成。目前关于疲劳存在多角度描述性定义，如从不同角度来描述，可得出不同的定义：

《汉语大词典》中指出，疲劳包括三方面的含义：① 劳苦困乏；② 因运动过度或刺激过度，细胞、组织或器官的机能或反应能力减弱，如听觉疲劳、肌肉疲劳；③ 因外力过强或作用时间过久而不能继续起正常的反应，如弹性疲劳、磁性疲劳。

《当代西方心理学新词典》中指出，疲劳是指高强度或长时间连续工作而产生的工作效能减低的状态，属于一种自然的防卫反应。工作速度减慢、工作质量下降和错误率增加是疲劳的三个客观指标。

《中国医学百科全书·劳动卫生与职业病学》中指出，疲劳一般是指因过度劳累（体力或脑力劳动）而引起的一种劳动能力下降现象。它具体表现为反应迟钝、动作灵活性和协调性降低、工作差错率增多，并伴有主观感觉疲乏、无力等。

1982年，第五届国际运动生化会议上运动性疲劳被定义为“机体生理过程不能将其机能持续在特定水平或各器官不能维持其预定的运动强度”的一种身体状态。

综上所述，疲劳的概念可概括为以下方面：

（1）疲劳既可出现全身不适表现，又可出现局部不适表现。

（2）疲劳既有生理性疲劳，又有病理性疲劳。生理性疲劳是过渡性的，休息后可缓解，病理性疲劳见于某些疾病之中。

（3）疲劳可以体现在躯体方面，如表现为无力继续工作；也可体现在精神方面，如表现为对活动（体力或脑力）的厌恶感。它在行为学上则表现为工作效率的下降。

因此，ICAO 在 Doc 9966 文件中给出航空疲劳的定义为：由于睡眠不足、长时间保持清醒、所处的昼夜节律阶段或者工作负荷（脑力和/或体力活动）过重而导致开展脑力或体力活动能力降低的生理状态，这种状态会损害机组成员的警觉度及其安全地操作航空器或者履行安全相关职责的能力。

航空医学研究认为，人员疲劳主要包括生理和心理疲劳。主要表现有：精神错乱，身体疲乏，反应迟缓，判断、决策能力下降，代谢改变，生物节律发生变化，不能在预定时间内完成规定的任务直至失能。尽管他们仍能执行任务，但可能在错误的时间执行，反应迟钝，理解能力下降，对仪表或设备的注意力松懈；随着疲劳加深，人的理解力进一步下降，便会失去综合判断能力，无法把各种正常工作的仪表所提供的参数联系起来并做出判断；最终，疲劳达到一定程度，便会出现 1～2 秒钟的瞬间精神错乱。疲劳是能够累积的，随着疲劳加深，人的判断能力将继续下降，对飞行安全产生影响。

2.1.2 疲劳的分类

疲劳是一种相当复杂的人体机能衰退现象，根据疲劳感受形式差异，可将人体疲劳做不同分类。

1）按照疲劳发生部位分类

（1）体力疲劳。主要表现为肌肉疲劳的形式，发生肌肉运动失调或能力衰减。具体表现为收缩力下降，运动速度降低，动作的灵活性和协调性降低，运动不能持久等。

（2）脑力疲劳。主要见于脑力劳动者，由于长时期进行复杂的脑力劳动，大量消耗能量，招致大脑血液和氧气供应不足，削弱了脑细胞的正常功能。表现为头昏脑涨，记忆力下降，注意力涣散，失眠多梦等。

2）根据疲劳持续时间分类

（1）暂时性疲劳，又为短暂性疲劳，是指人体在某一时间段内由于高强度或者高负荷的工作而产生的暂时性的疲劳。这种疲劳状态产生快，由于个体差异，一般在人体高度集中注意力 15 分钟左右开始产生，30 分钟达到极致。这种疲劳的特点是来得快去得也快，只需要立即休息缓冲，或小憩、打盹儿、舒展身体等即可恢复。

（2）累积性疲劳，即中长期疲劳，是指人体由于重复相同劳动且每天产生倦怠感觉，日积月累而没有完全消除倦怠感而产生的厌烦性不可恢复性的疲劳状态。对于重复工作，人体易产生麻木倦怠的情绪，从而会影响身体机能，这种疲劳短时间内不能完全恢复，处理不当时疲劳引发的症状会越来越强烈。

（3）过度疲劳，是指由于工作时间过长、劳动强度过大、心理压力过重导致精疲力竭的亚健康状态。它最大的隐患是引起身体潜藏的疾病急速恶化，比如导致高血压等基础疾病恶化引发脑血管病或者心血管病等急性循环器官障碍，甚至出现致命的症状。这种长期慢性疲劳后诱发的猝死也就是“过劳死”。一个人经常加班、熬夜、休息不好，时间长了就会导致焦虑、失眠、记忆力减退、精神抑郁，甚至引发抑郁症和精神分裂症。如果这种疲劳持续 6 个月或更长时间，身体就可能会出现低烧、咽喉肿痛、注意力下降、记忆力减退等症状。而且，非常严重的长期性疲劳很可能就是其他病症的先兆。

2.1.3 疲劳的症状

疲劳作为术语，用来描述一个状态，困倦导致警觉性的丧失和人体执行任务时注意力的损害。与其他形式的损伤不同，人们往往难以识别和接受由于疲劳导致他们机体性能的下降，因此很难在正确的时间及时采取纠正行动。虽然人们容易发现身体上的劳累，但是很难意识到更微妙的心理疲劳的迹象，没有认识到这些微妙的变化对其性能的影响。

疲劳对每个人的影响不尽相同，一些常见的疲劳包括：机体警觉性降低，应对工作要求的能力大大减少；注意力降低，对决策和推理产生更多的困难；机体的记忆力受到损害，记忆的持续时间大大缩短；任务绩效降低，有足够的速度和精度的反应能力降低；易产生愤怒和沮丧的情绪；困倦；增加“微睡”短暂的四五秒的睡眠时期的可能性（一个人通常不知道正在发生）；降低抵抗酒精和毒品的影响；疾病的风险更高等。

虽然有许多技术可能有助于对识别和管理这一症状提供临时救济，但目前疲劳的唯一补救措施是睡眠。疲劳是人体的正常反应，它对班组成员性能的负面影响是显著的。机体的警觉性可以使大脑保持良好的机能，他面临问题时能够良好地做出决策。研究表明，如果机体长时间持续地集中注意力，疲劳将会削弱降低机体的警觉性。当一个人的警觉性被疲劳所影响，他的工作表现会大大下降。损害将发生在个人的方方面面，如身体、情绪和心理上，具体表现为决策、响应时间、判断、手眼协调能力等。由于管制员本身不能够确切有效地判断自己是否疲劳及其疲劳的程度，因此，其疲劳工作将直接威胁到航空安全。班组人员必须保持警惕性，来进行观测、通信和决策以确保飞行安全。一旦疲劳，会在生理、心理和情绪上出现一些典型症状（如表 2.1）。

表 2.1　疲劳对机体性能的影响

性能类别	影　响
反应时间：增加	反应序列中的时间 需要更强的刺激 更慢的发现问题
语音速度：减慢	重复（复诵）的语速 发布相关指令的语速
注意力：下降	任务顺序忽略或错位 专注于单一任务或因素，忽略重要的 视听扫描减少 意识不到性能不佳 集中注意力需要付出更大的努力 无法组织一系列活动 警惕性降低
记忆力：减弱	对于操作的不准确回忆 忘记次要任务 忘记执行任务的步骤 容易忘记暂时中断的任务
情绪：孤僻	很少交流 不容易执行低需求的任务 感觉更多的不适 更加烦躁 不在乎的态度 面对小困难而沮丧

警觉是大脑的最佳状态，使我们能够做出有意识的决定。当一个人需要维持一段时间的集中和持续关注时（例如值夜的人），疲劳被证明会影响警觉性。当一个人的警觉性是受到疲劳的影响，他或她的工作表现可能大大受损。障碍将发生在人类的各个方面性能（身体、感情和精神上的），如决策、响应时间、判断、手眼协调能力和无数的其他技能。疲劳的个人注意力和记忆力会变得更容易出错。长期疲劳的人往往会选择有高度的风险策略，他们需要更少的努力执行。疲劳会影响一个人的反应能力的刺激、感知刺激、解释或理解的刺激，需要更长的时间来应对。

疲劳影响一个人的表现，可能减少个人工作的有效性和效率；降低生产力；低标准低要求的工作，可能会导致人为错误。如果不采取措施来缓解疲劳，之后，它将保持长时期的持续累积，对安全构成威胁。

当一个人经历疲劳可以表现为一个或多个行为的改变。然而，那些正在经历疲劳的人很难认识到自己的疲劳状态。造成这一现象的原因很多，但主要是因为疲劳会影响人的判断能力和解决复杂问题的能力。疲劳对个体的思想、情绪和身体等产生影响，随着时间的推移，机体会意识到这些变化（如表 2.2）。

表 2.2　机体疲劳表现症状

表现形式	表现症状
身体上	无法保持清醒 手眼与协调能力困难（如开关选择） 讲话困难（可能含糊不清、减缓或断章取义） 沉重的胳膊和腿或呆滞的感觉 减少实施能力（如提升、推或拉） 删除对象的工具或部分频率增加 非特异性身体不适 头痛眼花 心悸、心律不齐 呼吸加快突然出汗 失眠、食欲不振 腿痛或绞痛 消化问题
情绪上	增加愿意承担风险 增加不宽容和反社会行为 增加不必要的担心 减少工作的动机 增加情绪变化（如易怒、抑郁）
精神上	对距离、速度、时间等判断力差 不准确的解释情况（例子是专注于一个简单的问题或未能预测情况的严重性或未能预见的危险） 对异常或紧急情况的正常反应缓慢或根本没有 难以集中注意力和进行清晰的思考 注意力下降

2.1.4 疲劳的测评

文献研究表明,国内外现在对于管制员疲劳的评价方法的研究相对较少,对于人体疲劳的评价研究主要集中在机动车驾驶员、船舶驾驶员、空中乘务员、飞行员、运动员等的疲劳的评价研究。国内外学者对这些领域机体的疲劳评价问题进行了一系列卓有成效的研究,并取得了一定的研究成果。

（1）驾驶员疲劳评测技术。主要是运用心理学、计算机技术、机器视觉、数字图像处理等多种技术或这些技术的融合来进行驾驶疲劳评测。代表性的有日产驾驶疲劳预警系统（Nissan Drowsy Driver System，NDDS）、打瞌睡驾驶员侦探系统（The Drowsy Driver Detection System，DDDS）、反映时测试仪（The Psychomotor Vigilance Test，PVT）、出租车驾驶员疲劳程度测试仪等。

（2）疲劳评价方法。代表性的有现代技术测定法、加拿大交通部和澳大利亚的疲劳风险管理系统（Fatigue Risk Management System，FRMS）、飞行技能分析法、利用 G1 法、TOPSIS 法、AHP 法、模糊综合评价法、航空生理观察法等。

（3）船员疲劳评级方法。代表性的有美国海岸警卫队 USCG（United States CoastGuard）评判法、海安会对疲劳的判定方法、英国船员疲劳分析法。

（4）此外,还有相关学者对游泳运动员进行疲劳指数测试法的研究等。

虽然对于机体疲劳的研究已经进行了 100 多年,但是至今为止还没有一种确切有效的方法能够准确地监测机体的疲劳程度。现有的研究设备只能在一定程度上反映疲劳的水平,或因设备价格昂贵、或因监测有效性不高、或因影响被监测者正常工作等,不能在实际应用中推广。

结合国内外研究现状,现有疲劳测定评价方法主要有客观法和主观法两大类。主观法是指被试通过自我记录表对任务、习惯、时间等进行自我测评,主要以问卷的形式,以被测对象的主观感受来判断疲劳的程度,从而自我约束疲劳行为,如 Samn-Perelli 疲劳量表、主观负荷评价法、Cooper-Harper 评定问卷、斯坦福嗜睡感量表等。主观量表评定虽然简单、实用,但由于个体差异影响较大,缺乏可以量化的标准,主观性较大,故很难成为评判疲劳的标准,而且人们往往根据自己的主观感受来填写,客观性较差,非实时检测。

客观法主要基于被试的生理特征、行为特征进行检测,具体如下:

（1）生理特征:脑电波（EEG）、心电波（ECG）、肌电图（EMG）、眼电图（EOG）、呼吸气流等,其中脑电图（EEG）测量被认为是最直观和准确性最高的方法。如基于脑电活动特征的疲劳识别,该类算法主要通过对脑电信号的傅立叶变换提取出脑电的波段能量值,然后基于熵、线性回归等方法构建疲劳状态识别模型；基于心电数据的疲劳识别，Hanlon 等人通过疲劳实验数据分析，认为心率变异性（HRV）可用于评估驾驶疲劳，随后孙守迁等人结合实验再次验证了 HRV 对疲劳评估的有效性，同时 M. Patel 等人则应用神经网络模型，构建了基于心电数据的驾驶疲劳识别模型。此外还有生理测试法和生物化学法。基于生理学的方法是一种精确有效、客观的疲劳检测方法，并在实验中取得了重要的研究成果。但由于大部分检测用传感器、电线或电极接触身体，会使被试感觉不适或影响操作，很难在实际中实施。

（2）行为特征：眼皮运动、瞳孔变化、凝视方向、头部运动、嘴部运动、面部表情等。如犹轶的基于 PEXCLOS 算法监测被试疲劳程度，该算法主要是运用眼睛闭合时间占特定时间的百分率来进行监测；基于眼动特征的疲劳识别方法，该类方法主要通过对眼动数据如注视、扫视、眨眼、瞳孔直径等数据的分析统计，进行疲劳状态的识别，其优点是检测特征直观明显，可实现非接触性测量，采用非干扰的方式，其缺点是由于光照、检测角度等条件的变化造成目标定位和跟踪的失败，受环境因素影响较大。客观法主要根据机体的生理和行为特征来判定疲劳状态，但大多数监测手段为接触性测量，影响被测者正常工作，并且多为单一指标测量，可靠性不高，现有设备代价太高，不便于在实际中实施。

2.1.5 疲劳的规律

（1）疲劳可以通过休息恢复，并且青年人比老年人恢复得快，躯体疲劳比心理疲劳恢复得快，心理疲劳常与心理状态同步存在和消失。

（2）疲劳有累积效应，未消除的疲劳可能延续到次日，即重度疲劳后，次日仍有疲劳症状。

（3）疲劳程度与生理周期有关，在生理周期中功能下降时发生疲劳较重，而在功能上升时发生疲劳较轻。

（4）人对疲劳有一定的适应能力，机体疲劳后，在短时间内仍能保持原有的工作能力，连续进行工作，这是体力上和心理上对疲劳的适应性。

2.1.6 疲劳的恢复

（1）疲劳的产生与消除是人体正常生理过程，工作产生疲劳和休息恢复体力，这两者多次交替重复，使人体的功能和适应能力日趋完善，工作能力及水平不断提高。

（2）人在工作过程中体力消耗的同时也在进行着恢复，人在工作时消耗的体力，不仅在休息时能得到恢复，在工作时同样也能逐步恢复。但这种恢复不彻底，补偿不了体力的整个消耗，对精神上的消耗同步恢复很困难。因此，在脑体劳动后，必须保证适当的、合理的休息。

（3）疲劳与恢复相互作用是适应生理、心理过程的动力平衡，工作消耗体力越多，疲劳越快，刺激恢复的作用就越强。

2.2 航空疲劳

ICAO 在 Doc 9966 文件中提出航空疲劳的定义：由于从业者长时间的睡眠缺失或保持觉醒，以及长时间从事违反生物节律或者工作负荷（脑力和/或体力活动）过重的工作，而导致其脑力工作能力或体力工作能力下降的一种生理状态,这种状态会降低从业人员的警觉性及其履行与安全相关任务的绩效水平[35]。

航空医学研究结果表明，航空从业人员的疲劳主要包括心理疲劳和生理疲劳两种类型。他们在执行任务时主要表现为：对仪表或设备所传递信息的注意力和理解力降低、反应迟钝以及判断决策能力下降，不能在规定时间内完成所执行的任务，或在错误的时间执行任务，甚至出现短暂失能的现象。随着从业人员疲劳程度的不断加深，其警觉性和综合判断能力进一步下降，不能将各种仪表所提供的参数联系起来并做出判断决策，由于疲劳的可累积性，当疲劳水平达到一定的临界峰值时，事故发生的概率将急剧增大，这些表现形式都是影响航空器安全运行的潜在因素。

2.3 睡眠科学原理

管制员疲劳管理是在睡眠科学原理、生物钟节律/时差原理和生理周期以及轮班制度原理的基础之上建立完善的,睡眠科学和昼夜节律方面的发现为机体疲劳管理提供了牢固的科学基础。但是管制员疲劳管理没有涉及每一个详细的运行问题，在实际实施过程中需要将运行经验与科学知识结合起来，从而形成切实可行的用于管理机体疲劳的控制措施和缓解策略。

睡眠是一个活动进程。当人们睡觉时，他们实际上处于一种特殊的意识状态。为了满足人体的需要，最有效的睡眠必须满足三个特点：

（1）持续时间：每个人的睡眠需要是独一无二的；然而，它通常是建议一个人一天 24 小时平均获得 7～8 小时的睡眠。一个人每天需要保证一定量的睡眠时间以保持机体处于清醒（非疲劳）状态，机体的警觉性和生理性能直接与睡眠有关，连续一段时间的睡眠不足将影响人体警觉性，而只有睡觉休息才能维持或恢复性能水平。

（2）连续性：睡眠应该保证在一定时间范围内不间断。6 个 1 小时的小睡没有 1 个 6 小时的睡眠产生的效果好。

（3）睡眠质量：人体需要深度睡眠。仅由于疲倦后才休息对于保持一个良好高水平的睡眠是不充分的。个体睡眠的开始必须与机体的内在生物钟同步，以确保机体正常活动所必需的高质量的睡眠。如果睡眠的时间与他/她的生物钟不同步，那么他/她很难进入正常睡眠。许多因素会导致睡眠中断：环境因素，如天气、噪音或糟糕的住宿等；食品和化学物质，如酒精、咖啡、药物等；心理因素，如压力、家庭的担忧、值班职责等；睡眠障碍，如长期无法获得机体正常活动所需要的睡眠。简单地说，由于身体对休息的需要和睡眠不充分导致疲劳。24 小时的昼夜周期内，每个人都需要一定数量的睡眠。由于个体的差异性，不同个体每天所需的睡眠时间不同，但通常是每天 6～8 小时。显然，人们在没有得到每天应有的合适的睡眠时间时仍可以继续工作。然而，身体睡眠时间的不断缺失将导致睡眠债，睡眠债的建立是指如果人们持续得不到他们需要的睡眠，这些睡眠债务积累，人们会面临警觉性下降和嗜睡增加，这会严重损害机体的生理和工作性能。就像其他种类的债务，机体的睡眠债必须在一定时间予以偿还。身体自然偿还睡眠债主要表现在：人们睡眠比平时长，睡眠会更深沉，会不自觉地进入睡眠状态。对大多数人来说，这些债务的偿还机会是休息日。

在理想情况下，人们能在正确的时间根据自己的生理周期获取所需的适量睡眠。在这种情况下，从理论上讲，没有睡眠债从一天到下一个身体完全恢复阶段。然而，在现实生活中这种情况很少发生，因为这需要工作日与社会和家庭活动相结合。出于各种原因大量的人不能或不愿意尊重日常睡眠需求和所谓的可怜的“ 睡眠卫生”。换句话说，他们的睡眠习惯不允许他们有一个健康的恢复性睡眠。

患有睡眠障碍的人面临的更大困难是不能满足日常睡眠的需要。通常他们日常的睡眠质量低下，正常睡眠频繁中断，深度睡眠时间减少。因此，虽然他们可能一直在床上躺了 6 ~ 8 小时，但实际上他们睡眠的价值可能只相当于一个 3 小时或 4 小时的良好睡眠。

对于睡眠债问题，每天的睡眠需求可以通过有意识地使用打盹、长期或短期睡觉来补充。虽然睡眠的机制是复杂的，包括在大脑内几个阶段的活动，但有一些新兴缓解方法指出，适当的小睡补充可以满足机体一定程度的睡眠需要，即在理想情况下不同时段适当的小睡应该被采取。然而对于夜班工作人员，这个睡眠应保证至少 6 个小时不中断。机体正常的睡眠时间在一定程度上取决于睡眠质量，最近对超过 5 000 轮班工作者的一项调查表明，在白天的睡眠长度减少后，小睡应该在需要的时候被采取。相关研究表明，小睡 20 分钟或 30 分钟对机体警觉性的恢复有积极的效果。

2.4　生物钟与昼夜节律

机体的基本生物过程（如体温、血压和激素释放）遵循一定的循环过程，循环一周需要二十四五个小时，这些日常模式被称为昼夜节律，在很大程度上由一个位于我们的大脑内部的生物钟控制。一个重要的生理节奏是睡眠模式，我们在晚上睡觉，白天保持清醒。有几个触发机制帮助机体保持 24 小时的生物钟周期。其中最重要的触发机制是白昼和黑夜的存在，但诸如吃饭的时间和社会活动也扮演了重要角色。

虽然每个人都有本身所固有的昼夜节律，但其周期的长度、大小和时间，周期的波峰和波谷是不同的。也有证据表明，一个人的周期可能会从一个到另一个季节稍有不同。在冬季困倦的时期可能会更频繁。

每个人都有自己内在的生物钟,这个时钟调节人体日常活动的生理节奏。为了最好地理解这两种功能，首先需要了解昼夜节律的功能。我们的身体在一天 24 小时内经历各种物理过程和生物状态，如睡眠/清醒、体温周期性的变化、激素水平、对药物的敏感性等。这个循环代表昼夜节律，生物钟调节昼夜节律。正常情况下，内在生物钟与机体白天觉醒和夜间睡眠完全同步。

生物钟使人昏昏欲睡或定期提醒他们是否工作。在正常情况下，机体本能遵循一个 24 小时的睡眠/唤醒周期的节奏。并非每个人都有相同的周期，尽管个人的节奏不同，每个人的周期都有两个独特的峰值和谷值。嗜睡独立于其他睡眠因素，在每一个 24 小时的周期有两次低警觉性，这通常发生在3:00—5:00 和 15:00—17:00 之间。在这些警觉性最低时期之前，存在最大的警觉性时期（峰值），即人体最清醒的状态。

2.5　生理周期和轮班制度

生理周期是一个不争的事实，是在疲劳可能发生时的一个潜在的有价值的指标。不管一个人在做什么，疲劳会发生在生理周期的低谷期间，即下午、早期和夜间。如果一个人在一天的开始已经疲惫，生理周期将依然存在，但是，个体在白天会减少警觉性，而在晚上进入昏昏欲睡的状态。

轮班工作者也同样受到生理周期的影响，即使他们经常在傍晚或夜间开始工作。有些人相信他们的内部时钟容易适应晚上工作安排，现实情况是这种情况很少发生。因此，人们在午夜开始工作仍可能经历他们的警觉性下降和增加在午夜和黎明之间嗜睡的时间。此外，这些夜班工作者白天睡觉会有更多的困难，尽管他们可能会非常累，但他们的生物钟将迫使他们保持清醒。有越来越多的证据证明，在工作场所和其他地方生理周期和事故发生有一定的联系。与疲劳相关的交通事故和每天发生的时间段之间有一定的关系。尽管交通量要低得多，但事故的数量却在增加，高速公路上在清晨发生事故较多也说明了这一点，伴随着生理周期处于低谷和疲劳效应的增加，可以预计将在这段时间发生事故。

轮班制度对工作者的影响和生理周期一样，如果单纯地、机械地安排有夜班工作的工作人员进行夜班执勤，而完全不考虑个体的生理周期和生物钟规律，容易违反个体生理节律，从而影响其工作效率和质量。

基于以上管制员疲劳管理所依据的基本科学原理，ICAO 在《空中交通服务人员疲劳管理指南》中建议，各国应该根据本国的实际情况，综合分析本国管制员的生物种族特性、生理结构特点以及生理规律，制定科学合理的排班制度和工作休息规定，以确保最大限度地符合本国管制特点，最大限度地实现人本管理的原则。

2.6 小　结

本章首先介绍了相关研究中关于人体疲劳的定义、分类和内容、人体疲劳的症状与表现以及人体疲劳的影响因素，并对现有疲劳的监测和评估方法进行了比较系统的介绍，分析了各类机体疲劳监测方法的优缺点，为后续研究的开展奠定了基础。同时，介绍了疲劳的基本科学原理中较为重要的睡眠科学原理、生物钟和昼夜节律以及生理周期和轮班制度对管制员工作的影响，为后续研究管制员疲劳致因提供了科学依据。

3 管制员疲劳问题构成及致因分析

3.1 管制员疲劳概述

疲劳是一种相当复杂的生理和心理现象。生理疲劳主要表现为肌肉疲劳的形式，发生肌肉运动失调或能力衰减。其具体表现为收缩力下降，运动速度降低，动作的灵活性和协调性降低，运动不能持久等。心理疲劳和大脑皮层的活动有关，当大脑的抑制行为系统较保持醒觉的觉醒活动系统占优势时，则产生心理疲劳，其具体表现为思维活动减少，思维敏捷度降低，对工作缺乏兴趣和新鲜感、产生乏味心理等。疲劳的结果不仅仅是人的工作能力下降，生产效率降低，而且思想分散。

3.1.1 管制员疲劳的定义

本书采用空中交通管制员协会国际联合会（International Federation of Air Traffic Controllers Association，IFATCA）给出的空中交通管制员疲劳的定义，即管制员疲劳是指管制员由于睡眠缺失、昼夜节律紊乱或工作负荷（精神和/或身体活动）过高、倒班时差不规律而引起的警觉性下降、反应时间延长、执行管制任务的能力降低甚至短暂失能的一种身体状态。它具体表现为未对航空器实施有效监控、未正确监听机组复诵、误发管制指令等“错、忘、漏”问题，同时出现轻微的烦躁或身体不适，在席位上难以保持相对稳定的坐姿，多次揉搓面部皮肤或者眼睛、打哈欠或频繁饮用提神饮料等。

3.1.2 管制员疲劳的类型

管制员疲劳主要表现在：因工作负荷和安全压力大，工作环境不良和休息不足，导致包括失眠、注意力涣散、精神萎靡、精力不足等机体疲劳反应，从而造成工作效率降低、工作质量难以保证等现象。其机体功能表现为由于疲劳而导致大脑皮层反应迟钝，管制员的警觉意识、预见能力和认知能力降低。深究其原因主要是与管制工作特点有关。管制工作是一个对空中交通进行实时动态管理的职业，它要求管制员对空中多架飞机的高度、速度、航向、时间和位置等参数进行思维活动，同时由于管制工作是一种纯脑力劳动，没有实体刺激，精神容易受到抑制，使人懈怠。

视力疲劳主要是由于近距离观看雷达屏幕，特别是在空中飞行流量比较大的情况下，过度使用视力而产生的眼睛疲劳。视力疲劳后，看屏幕稍久会觉得雷达标牌模糊、不清晰，眼睛干涩疼痛，严重时还会出现头昏肿胀、恶心，甚至呕吐等情况。

听力疲劳和通话疲劳经常同时发生，主要是由于管制员长时间持续与机组进行语音对话，耳、口、舌得不到有效的休息，进而听力出现暂时性听阈上移，即听力下降，使得听力变迟钝同时口干舌燥，吐字变得模糊、不清晰，发出的指令需要重复多次，机组才听清楚。

管制员长期处于相对密闭狭隘的工作环境中，并伴随着高压高负荷的工作状态，从而容易导致疲劳倦怠。管制员的疲劳具有以下属性：

（1）相对性：疲劳不能被个性、智力、教育、训练、技能、激励、评估、力量或职业特性所阻止，即管制员疲劳管理和安全管理有着同样的临界特征，疲劳和安全都是相对的，而非绝对的。

（2）多元性：影响管制员疲劳的因素是多元的，它们以一种复杂的方式相互作用。

（3）时效性：由于管制工作的特殊性，管制员疲劳具有一定的时效性，即在航班流量高度集中的时段或者持续的大流量过后立即转变为很少的航班量的时段中容易产生疲劳感。

（4）地域性：管制工作环境分布在不同地理位置，不同环境对管制员身体机能的影响不同，如高原、高高原的管制员对气压以及氧气量的要求较正常地区高，其疲劳持续时间和程度也有所不同。

由于管制工作主要是脑力工作，对体力要求不高，所以几乎很少存在因体力劳动过度而造成的疲劳（排除非执勤期高强度的体育运动或体力劳动影响）。管制员的精神疲劳主要是管制员在执行管制任务时进行长时间的判断决策、思考反应等脑力活动而产生的，即由于长时间专注雷达屏幕且进行思考、判断、决策、发布指令、调配间隔、指挥排序等脑力活动而产生的疲劳，也称为脑力疲劳，具体可分为判断决策疲劳和感知觉疲劳[36]，若非特别注明，文中所指的疲劳都为管制员的精神疲劳。

3.1.3 管制员疲劳的症状

管制员疲劳具体表现为反应时间变长、记忆力下降、认知能力受损、警觉水平降低等症状，管制员疲劳引发的直接现象是“睡岗”或“暂时性失能”。虽然这种可能导致严重后果的现象在运行差错中占很低的比重，但对于民航这个安全要求极高的行业来说，其造成的后果可能是灾难性的。

3.1.4 管制员疲劳的危害

就航空器的运行而言，管制员疲劳可能造成安全和效能方面的危害；对于管制员自身来讲，疲劳可对其身体健康造成严重的影响。具体危害如下：

1）安全危害

管制员疲劳与航空器运行安全之间存在较强的联系，因为疲劳是一种隐蔽而又常见的危险源，它可以导致管制员出现某些指挥错误（包括误发管制指令、调配间隔低于安全标准、触发 T-CARS 告警等），最终对航空器的安全造成威胁，在某种极端情况下，疲劳可转化为空管不安全事件甚至事故。

2）效能危害

疲劳对管制员的影响包括焦虑程度的增加、短期记忆力下降、反应时间延长、工作绩效降低、警觉度水平下降和精力分配不当、思想意识松懈、错忘漏现象增加等，这些影响都对航空器的安全运行造成威胁。

3）健康危害

由于管制员长期从事倒班（昼夜节律颠倒）工作，管制员疲劳对其身体健康的影响较大，包括睡眠障碍、身体代谢能力降低、中枢神经兴奋性减弱、身体麻木、心血管疾病、身体病变等。对于女性管制员来说，不规律作息和长时间高负荷工作可能导致脱发、内分泌失调以及生理周期紊乱等。

3.2 管制员疲劳构成机理

3.2.1 构成疲劳的宏观因素

从系统论的安全管理出发，空管系统中造成管制员疲劳的安全影响因素可以分为四类：人、机器、环境及管理。这种分类具有下述优点：

（1）从构成生产系统的最基本元素出发，从事故的最根本原因着手的，具有普遍的意义。

（2）充分体现了安全是一项全员、全要素、全过程的活动。因为系统中的“人”是指作为工作主体的人；“机”是指人所控制的一切对象的总称，包括固定设备和移动设备；“环境”是指人、机共处的特定的工作条件，包括内部环境和外部环境；“管理”是指管理主体组织并利用其各个要素（人、财、物、信息和时空），借助管理手段，完成该组织目标的过程。

要分析管制员疲劳问题构成的机理，必须对管制员疲劳引起的不安全事件进行全面具体的分析，弄清各种原因的形成和作用，从而科学地指出管制员疲劳的因果关系。图 3.1 给出了人-机-环三个方面对管制员疲劳的影响作用。

图 3.1 考虑了人、机、环对管制员疲劳的影响，尤其考虑了三者之间的相互作用，包括人-人、人-机、机-机、机-环、人-环以及人-机-环等。同时以管理作为控制、协调手段，协调人、机、环之间的相互关系，并通过反馈作用将系统状态的信息反馈给管理决策层面，从而改进管制员疲劳风险管理方法，最终得到更为安全的空管运行系统。

构成管制员疲劳的纵向结构较为复杂，包括作业环境、控制监管机制以及各组成相关部分的相互作用关系。图 3.2 显示了构成管制员疲劳的各组成部分的具体联系。

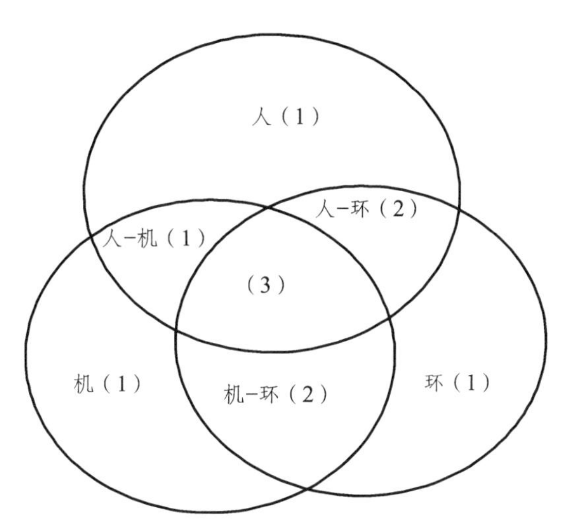

图 3.1 人-机-环三大因素作用图

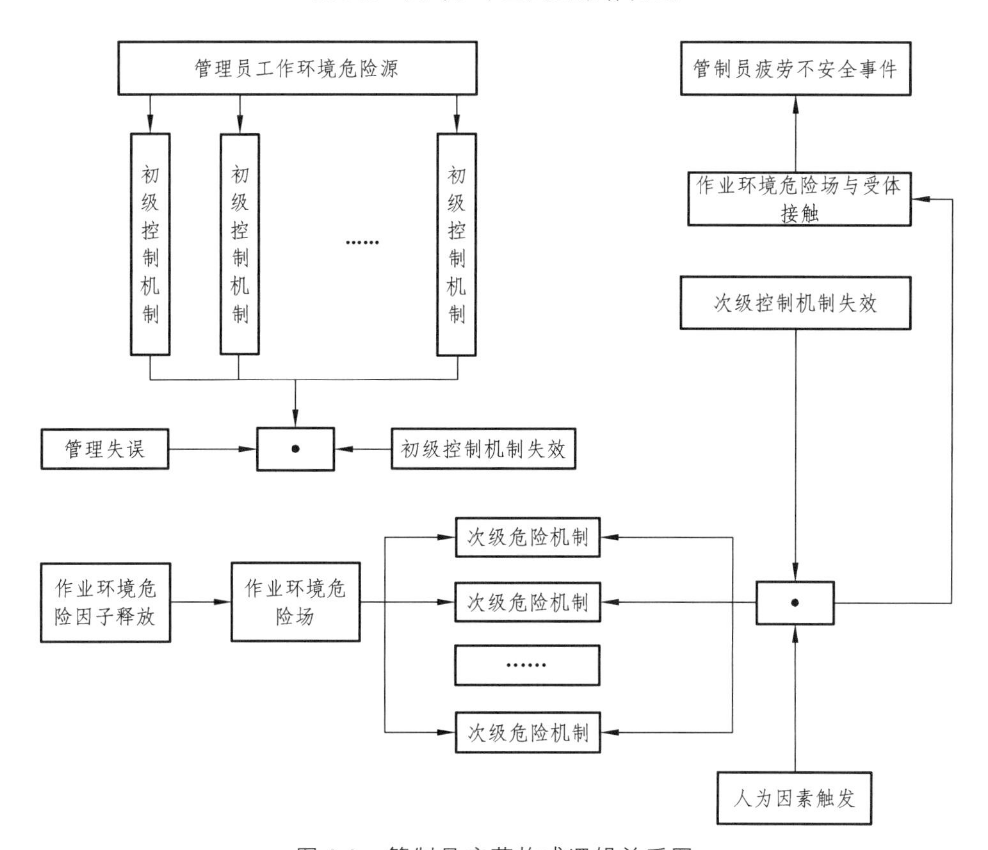

图 3.2 管制员疲劳构成逻辑关系图

从图 3.2 可看出，管制员疲劳引发的不安全事件构成系统由空管工作环境危险源、作业环境危险因子、作业环境危险场与人为触发或激发因素以及控制作业环境危险因子由作业环境危险源释放的初级控制机制管理因素、控制作业环境危险场演变为人因事故的次级控制机制与人为触发因素共同组成。作业环境危险因子孕育于作业环境危险源，它受作业环境危险源初级控制管理因素的控制，一旦初级控制机制管理因素作用失效，作业环境危险因子立即释放于空中交通管制的工作环境空间，形成作业环境危险场，这是管制员疲劳引发的不安全事件演变过程的第一阶段。

作业环境危险场的形成并不意味着人因事故的爆发，只有当作业环境危险场被人为失误因素触发或激发时，才意味着潜在的作业环境危险演变为管制疲劳事故。这是管制员疲劳引发的不安全事件形成过程的第二个阶段，它受作业环境危险次级控制机制的控制，即人为触发或激发因素的控制。管制员疲劳引发的不安全事件的初级控制机制失效主要是管理失效，管理失效造成空管工作环节危险源的危险因子大量释放，形成一个作业环境危险场。次级控制机制失效主要是违规指挥，在工作环境危险场形成后继续工作，而不及时进行更正，人为触发工人的直接或间接的不安全行为，使作业环境危险场受人为的直接或间接触发而导致不安全事件的发生。因此，预防人因不安全事件时应该首先重点防止初级控制机制失效，即在管制指挥过程中一定要杜绝事故隐患，随时清除事故隐患，发现隐患，立即处理；其次是要严防次级控制机制失效，在危险场形成后要立即进行正确的处置；最后要防止人的不安全行为，教育管制员随时随地树立安全意识。

3.2.2 构成疲劳的微观因素

由于在空管系统中，管制员是最不确定的因素（管制员是一个相对独立的个体，具有主观能动性和情感），因此对管制员疲劳的微观因素进行分析时，主要分析管制员的个人生活事件（状态）对管制员疲劳产生的影响。分析一系列微观因素对管制员操作可靠性的影响，是控制空管工作中管制疲劳的重要方法之一。根据空管工作的特点，研究提出了空中交通管制员生活事件分析法，该分析过程按照由个别到一般、由部分到整体的思路对空中交通管制员的操作可靠性进行评价。

一些科研人员观察发现，一个人在个人生活中经历了某些重大的事件或变故之后，可能在心理上产生一定的影响，进而影响到他的工作质量，两者有一定的相关性。统计表明，不同的事件、不同的关系，其后果及程度是不一样的。为了表征其影响大小，对其关系大的事件给予较高的分值；反之，给予较低的分值。然后，根据此人所得分值的大小，预计危险程度。这个分值被称为生活变化值（LCU）。国外研究认为，利用生活变化值表，可以通过一个人近期的生活遭遇变化记录，研究他的生活状况，给予定量评分。当某人的分值达到某一点时，即他在过去 18 个月的生活变化分值为 150 时，则表明他很可能会得病或卷入一场事故中去。[①]实际应用中，可以用表格列出在一个人的生活中可能会影响此人情绪或心情的重要事件来，将所有因素设计成为生活事件分析表。

1）生活事件选择

民航空管工作中的安全管理实践表明，管制员所从事的工作是一项高度紧张的工作，要求管制员在工作中必须做到精力高度集中，心无杂念。而管制员家庭生活及社会生活中的重大变化会影响其情绪，甚至导致空管不安全事件的发生。附录 4 中所列出的事件，是根据对管制员生活的跟踪调查研究，选取的在实际生活中发生的，对个人思想情绪影响较大的事件，我们就用这些事件对管制员进行生活变化值分析。

2）LCU 值的确定

采用专家咨询法确定生活变化值的具体数值。专家咨询法就是在评价过程中收集有关专家的意见，通过规范化程序，从中提取出最一致的信息，利用专家的知识、经验来对系统进行评价的方法，也叫专家评估法。考虑到时间和效率等问题，作者本次采用简练一些的方法，即逐步形成群的意见的方法进行。该方法的具体步骤为：① 每个成员在安静的环境下写出自己的意见；② 组织者不分先后地听取并记录这些意见；③ 集体逐条讨论这些意见，理清楚它们的意义；④ 对归纳意见所形成的条目的重要性做初步投票；⑤ 讨论初步投票的结果；⑥ 最终投票，按照最终投票结果，得到各生活事件的值。

按照以上程序，求得各生活事件的值，并将它们填到附录 4 中，即完成了实际应用的“生活变化值表”。

为方便起见，用 LCU_i 表示各事件的生活变化值，用式（3.1）计算总的生活变化值：

$$M = \sum LCU_i \tag{3.1}$$

① 唐卫贞. 空管人因不安全事件发生机理与控制方法研究[D]. 成都：西南交通大学，2008.

式中：M——总的生活变化值；

LCU_i——各事件的生活变化值；

$i=1,2,3,\cdots,n$（有限个）——生活事件。

如 $M \geqslant 150$，则该个体很可能生病或卷入一场事故中去，应对其管制工作行为进行重点监控，严重时应对此人的管制工作岗位进行暂时调换，以避免不安全事件的发生。

本章主要对管制员疲劳构成机理从宏观因素和微观因素两个方面进行分析。对于宏观因素，主要是对于人-机-环三个大方面进行概要性的分析，以确定构成管制员疲劳的宏观影响因素。对于微观因素，主要是采用定性分析的方法，对管制员个体本身进行分析。本章列举了大部分生活事件对管制员工作的影响，当然人是独立的个体，所遭遇的生活事件各有不同，这里我们只取大部分正常人在情感上遭遇的能影响工作的事件，其他类似事件将包含在其中一类或几类的交集中，故不再一一列举。

对于大多数管制席位上的管制员，他们在管制的同时也会对协调席位的通话内容分配精力以及时地采取管制措施，所以这也是管制负荷的一个不可忽视的来源。管制员工作负荷是影响空中交通安全的一个重要因素，要提高空中交通系统的安全性，应重视空中交通管制员的工作负荷，使管制员处于中等应急的水平，最大限度地发挥管制员的管制技能。

本章通过介绍管制员疲劳的定义和内容以及管制员疲劳的特性，界定了管制员在特定行业内的疲劳问题；通过介绍管制员疲劳的类型、症状和表现形式以及疲劳对管制工作的危害，为后续进行管制员疲劳的具体研究和制定管制员疲劳缓解措施奠定了基础。

在空中交通管制系统中，空中处于高速飞行状态的航空器一旦因管制系统发生设备异常或人的差错而威胁飞行安全，可供避免事故的时间很短，可供选择的应急方式也极其有限，加之航空器、机场保障设施等硬设备的成本极高，航空器所承载的旅客、货物的价值更是不可估量，事故不仅会造成巨大的财产损失，人员伤亡和环境破坏，更重要的是，事故损失涉及广泛的社会因素，极大地损害了民航的形象和政府的威信，其社会影响的严重性难以估量。空管系统的运行涉及军航、民航、航空公司、机场、空管、气象、情报、通导等部门的人员情报和设施服务，如国际飞行还可能涉及多个国家的航空部门，而这些部门协调一致的运作必须依赖科学的管理。我国空域更加复杂，东西部发展不平衡，通信导航监视设施差异很大，雷达管制、雷达监控下的程序管制、程序管制等管制方式共存。

3.3　人因 SHEL 模型

1972 年爱德华兹（Elwyn Edwards）教授首先提出了 SHEL 模型，该模型于 1987 年经佛兰克·霍金斯（Frank Hawkins）修改后，被广泛应用于研究人为因素的框架。SHEL 模型名称是由软件（Software）、硬件（Hardware）、环境（Environment）和生命件·人（Liveware）的首字母组成的（如图 3.3），其中人是该模型的核心，被认为是最重要的。人与软件、硬件、环境、其他人之间的关系，即为该模型的 4 个界面：人-人、人-硬件、人-软件、人-环境界面。每个界面之间是凹凸不平的，这表示每个界面之间并不是完全匹配的，有一处不匹配就意味着系统中存在一项与管制员疲劳有关的风险，风险分析就是要识别各个界面的不匹配状态，寻求降低不匹配程度的方法，从而降低风险。

图 3.3　人因 SHEL 模型

3.4　疲劳致因关系结构

空中交通管制工作直接影响空中交通畅通和高速运营。国内民航业高效快速发展进程中，中低空持续开放，空中交通流量和空域变得更加拥挤，需要管制员付出更大努力来维护和保持空中交通的高效运营，无形之中将增加管制员在工作和家庭及社会等方面的压力。据不完全统计，因管制员疲劳导致的交通事故或事件将持续增加。管制员疲劳作为人为因素的一种，同样是由人及其软件、硬件、环境交互界面组成的，因此运用 SHEL 模型可科学地分析管制员疲劳影响因素的各个方面，便于从综合全面视角寻找疲劳原因和采取预防措施，从而最大程度减少管制员疲劳导致的事故或事件风险。

（1）人界面（L）：指与管制员疲劳相关的管制员自身要素。它与个人的生活方式、个人习惯和个人属性相关。如睡眠和休息时间：质量、数量和睡眠持续时间；睡眠障碍/干扰；休息；生物钟/昼夜节律；心理和情感因素（包括压力）；恐惧；单调和无聊；健康；饮食；疾病；压力；摄入的化学物质\酒精；药物（处方和非处方）；咖啡因；年龄；轮班工作和工作时间表；工作负荷（精神/身体）等。管制工作肩负航空安全，责任重大，班组之间的轮班将打破机体自身的昼夜节律，这从生理和心理上会对管制员健康状况产生一定的影响，健康状况不佳会使自身适应性变差，使自身调节能力变差，将造成不容易恢复的疲劳累积。管制员自身的管制业务知识、管制技能及管制经验将影响到工作中处理紧急问题和突发状况的应变和决策，都将影响管制员的工作效率与工作负荷，进而影响疲劳。个人的生理因素和心理因素以及生活习惯都对疲劳产生一定程度的影响。应急与沟通能力、安全意识与责任心、饮食习惯等都不容忽视。

（2）人-人界面（L-L）：在航空管制系统中，主要指管制员与飞行员、相邻扇区、相邻管制室、军航管制部门及管制机组之间的协调沟通。良好的管制机组的配合与人际关系可使人愉悦地工作，将有助于管制员高效率、高品质地工作。反之，将影响管制员的情绪，携带不良情绪工作将会影响工作效率，长此以往将会增加工作负荷；将影响管制员心理状况，增加心理负荷；与相关人员通话，语言的标准与否都将影响管制负荷。同时还包括管制员日常生活中的家人、朋友等社会关系的影响。

（3）人-硬件界面（L-H）：包括管制工作中所涉及的雷达系统等基础设施，即管制员与系统中的实体部分，主要指管制员受到硬件设备的影响，这些因素包括设备设计特性都会影响/导致疲劳。一些设备设计特性影响工作负载，如设备的设计、自动化水平、冗余水平、设备可靠性、检查和维护和设备寿命年龄。随着现代科学技术的进步和自动化技术在民航中的大量普及，现代化的空管设备得到广泛应用，但仍有与管制员的操作习惯、个人素养等不相协调的地方，如这些管制设备设施的设计和制作，这些因素是否遵循人类工效学设计，以及与管制员的生理和心理特点相符与否，都会影响管制员疲劳；

管制系统中硬件设备运行过程中的稳定性和精确性，都会无形中增加管制工作的负荷，也会对管制员疲劳产生一定影响。

（4）人-环境界面（L-E）：包括内部环境和外部环境。内部环境包括管制系统工作空间的舒适性，如噪声、振动和温度元素（热、冷、湿度）。外部因素包括空中交通情况和天气条件。暴露于不良或不适的环境因素中，如温度、湿度、噪声超标，可能导致或影响疲劳。长期接触或处于这些不良环境可能会导致一个人的健康的损伤。工作场所环境包括管制室温度、湿度、灯光等，条件合适的工作环境能够提高管制工作效率，反之将会降低管制工作效率，长时间如此将会导致疲劳一定程度的累积。睡眠环境舒适与否直接影响管制员的睡眠质量与睡眠长度，不良的睡眠环境还有可能引起睡眠中断，使得休息不充分，增加睡眠债。此外，考虑到环境因素可能引起身体不适，它们也会引起或导致睡眠中断。恶劣天气将增加管制与机组等民航人员的通话、一些必要的决策等，从而增加管制员工作负荷，并且需要管制员在相当长时间内集中注意力，导致管制员更容易产生疲劳感。生活压力和家庭关系的和谐与否，会对管制员心理造成影响，增加心理负担，随着时间的累积会导致心理疲劳而影响工作。近年来，随着我国国际地位的快速提升，受国际形势影响，军事飞行训练任务增多，需要管制员与军方进行更多的协调，大大增加了工作负荷。

（5）人-软件界面（L-S）：主要指管理因素，也包括管制程序等软件，如人力资源政策、轮班时间表、加班、休息、公司文化和管理风格、法规、培训和选拔等。管制工作的特殊性需要管制员轮班工作，而轮班工作打乱了管制员正常的昼夜节律，影响睡眠，因此轮班制度的合理与否显得至关重要。规章制度的设计合理与否，工作程序的规范与否，都将增加管制员的工作量，降低工作效率，影响管制工作的工作负荷。

通过文献分析和访谈搜集管制员疲劳影响因素，通过贝叶斯网络的诊断推理和支持推理构建管制员疲劳致因关系图（如图 3.4）。诊断推理是已知结果时结合实际自下而上进行分析找出原因，即由果推因，推理得到造成该结果发生的影响要素；支持推理是对所研究问题原因要素间的相互影响、影响程度进行分析。图 3.4 整体上直观地反映了管制员疲劳产生的过程，也表明了各因素不是独立存在的，而是相互作用、相互影响的。图 3.4 主要在个人因素、人与其他成员因素、环境因素、硬件因素、软件（组织）因素五个大的方面的基础上进一步细分，构建了各因素间因果关系。

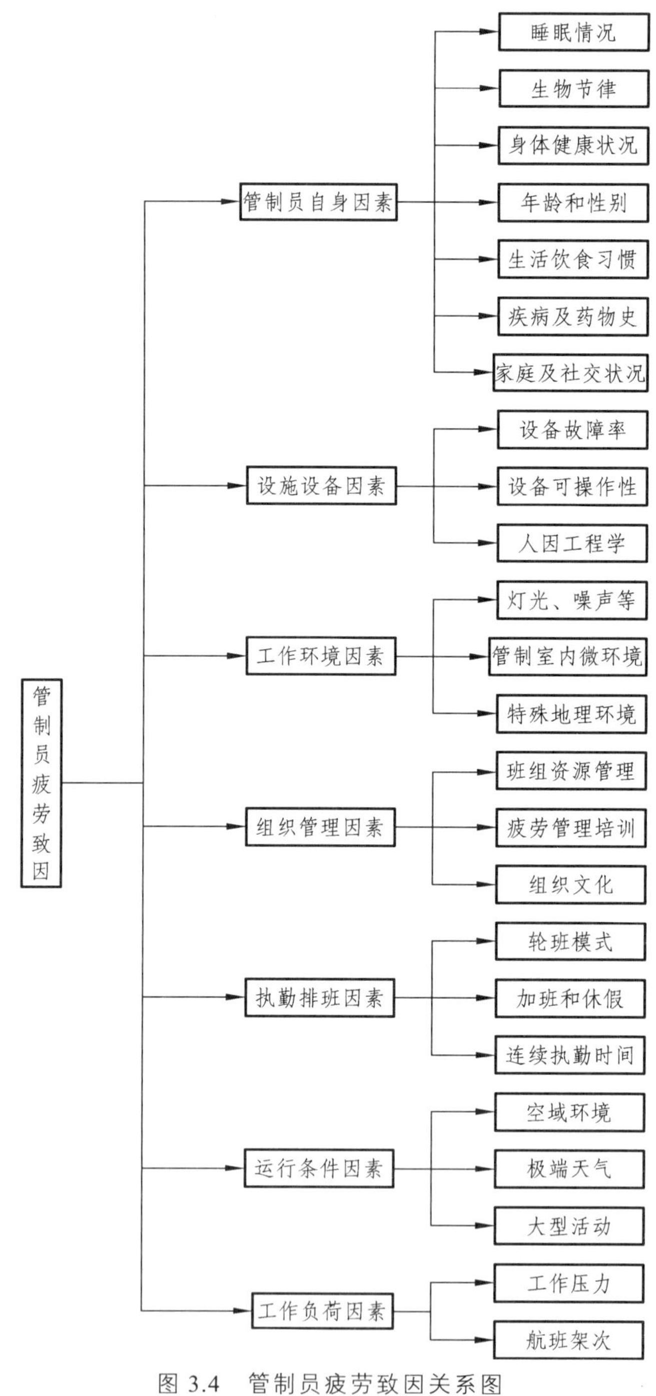

图 3.4　管制员疲劳致因关系图

3.5 管制员疲劳致因因素

我国空管行业目前主要采用的是岗前报告制度（报告是否身体不适，报告是否在规定时间内饮用酒精、药物等）和定期的全面体检这两种手段来解决疾病对管制员疲劳和工作效能的影响。

短期的疲劳是由连续的长时间的工作或短时间内高负荷的工作造成的；而长期的疲劳则是潜在疲劳长期累积的结果。影响疲劳的因素大致可分为以下几个方面。

3.5.1 自身身体因素

1）疾病和药物

一些疾病（如睡眠缺氧和其他的睡眠障碍）会严重影响睡眠品质和机体抗疲劳水平，从而显著地增加工作时的疲劳感。职业医师建议，应该从工作之前的审查和持续的医学监视两个方面对管制员的身体健康进行特别的关注。考虑到药物的副作用（如缓解疼痛发热的阿司匹林会破坏人体睡眠、大多数的感冒药会造成嗜睡等），管制员在执勤期间应慎重用药；安眠药可能成瘾并使睡眠问题恶化，管制员若非到不得已务必不要使用。

2）空腹执勤

空腹执勤的危险是低血糖，如果不能及时进食，人体就要动用某些脏器（如肝脏）的糖，当血糖浓度降低时，引起大脑皮层的机能障碍，出现思维能力下降、注意力不集中、反应迟钝、记忆力减退等，因此管制员应避免空腹执勤。

3）饮　水

因管制室内电子设备正常运行需要的环境湿度较低，所以管制员应注意定期补充水分；补充水分应采用多次少饮的方式，避免一次过量的饮用；补水还应有提前量，当神经系统提示口渴想喝水时，实际上机体已经处于缺水的状态多时了。

4）饮　食

平衡的饮食可提供身体适当的营养以制造和维护细胞、调节身体功能、提供能量。应按正确比例食用糖类、脂类、蛋白质食品。男性每日应摄入能量 2 700 卡，女性为 2 200 卡，每天能量应均匀分配到一日三餐中，早餐提供每天 25%以上的能量需求，切忌不能随意对付，更不能为了省时间而不吃。

5）咖啡因

含咖啡因成分的饮品（如咖啡为 50 mg/100 ml、茶为 30 mg/100 ml、可乐为 30 mg/100 ml 等）具有正反双重性影响。一方面，它可增强警觉性，减少反应时间，也有研究表明可降低辐射危害；另一方面，它又能干扰睡眠，会导致机体脱水。咖啡因一般在饮用 10 分钟后进入血液，半衰期约 4 个小时。所以，一方面应避免睡前饮用咖啡饮品；另一方面在夜班开始时就适量饮用（250 ~ 400 mg）可在一定程度上消除守夜班的困倦感和疲劳感，并且一般不会对早班下班后的睡眠造成影响。另有数据表明，一次饮用效果比分多次饮用效果要好。

6）酒　精

酒精具有起效时间快、作用时间长、危害巨大等特征。有医学资料显示，当人体血液中酒精含量超过 0.3 g/L 时，就会出现视觉、听觉、协调、反应、判断、记忆等身体机能下降的问题，从而导致管制员疲劳和工作效能的降低；血液中酒精含量在饮酒 1 小时后达到最高，根据个人新陈代谢不同，每升血液平均每小时降低 0.15 g；仅仅两杯酒，就可在机体内持续作用 6 个小时以上。因此，所有管制员应严格执行 86 号令中“执勤前 8 小时不能饮用酒精饮料”的规定。

7）吸　烟

吸烟主要产生 3 种有毒物质：焦油、尼古丁和一氧化碳。焦油刺激呼吸道黏膜，降低对缺氧的忍受程度。尼古丁刺激分泌肾上腺素，加重失眠，并造成心瘾，而在管制室禁烟环境中，心瘾可能导致吸烟管制员急躁、行为能力下降等问题。一氧化碳与血红蛋白的亲和力是氧气的 200 倍，因此占据了氧气的位置而造成身体缺氧，从而影响身体各项行为能力。对于吸烟人本身，吸烟对注意力具有刺激性的正面效应，但吸烟会降低灵敏度；对于周围不吸烟人，吸烟会降低其注意力和灵敏度。因此，管制场所应严格执行禁烟规定，管制员个人应正确认识吸烟对人体健康的潜在危害。

8）年龄的增长

年龄的增长对于管制员疲劳的影响，包括应付工作疲劳的能力下降，工作中更易于产生困乏感；生物钟随着年龄增长而失去弹性，造成睡眠障碍（失眠、很难入睡等）；处理复杂任务的能力下降，注意力、记忆力、快速反应能力、认知能力等工作效能下降。因此，为年长管制员安排值班时，应特别考虑他们的工作效能是否能够承担预期的复杂任务需求，同时应允许管制员根据需要选择提前退休或转任其他岗位工作。

3.5.2 设施设备因素

随着雷达设备先进程度的逐渐提高，目前管制员普遍表现为对设备的依赖性也逐渐增加，从而对管制的敏感性减弱，具体表现为对空中飞机的高度、飞行动态等掌握不够及时准确。履行常规管制任务能帮助记忆，而当一些任务在自动化系统中完全自动完成，管制员将失去对管制下的交通状况的了解和记忆。对交通状况失去了解和记忆，一旦系统失效，管制员将无法接替系统工作，这对于空管安全而言是极大的隐患。

1）设备可靠性

机载设备和雷达设备的可靠性、自动化系统设计的科学性是作为管制设备在管制员工作中发挥较大作用的协助者。良好的人机界面、机载和雷达设备的精确无误可大大降低管制员的工作压力；反之，会成倍增加管制员的工作压力。

2）配套设施

应提供合适的小睡设施（用于值班之前或之后的小睡以及守夜班的小睡）、适宜的健身设施、易接近的户外的休息和放松设施、热食和冷饮加工及贮藏设备、私人的物品东西的存放处；应配备闹钟或者其他提醒装置；为了卫生，应提供个人使用的枕头和睡袋；应经常性地打扫休息室。

3.5.3 工作环境因素

工作环境包括空气质量、温度湿度、噪声和灯光等。管制单位应为管制员提供良好的工作环境，减缓管制员疲劳。

1）人体工程学

在设计管制工作场所之初，应聘请生物工程学专家针对人体工程学对人体机能的影响来设计空管基础设施（如工作台的高度、显示器和人的视距、座椅高度可调节性等），保证符合人体工程学的要求。

2）空　气

制定并审查管制运行场所空气质量的环境标准，管制室应确保空气通畅（特别是塔台管制室），空管设备应符合环保要求，不释放有害气体，确保空气质量不对管制员造成潜在疲劳和健康影响。

3）温　度

管制室应安装中央空调，温度应以舒适为准，不应太高或太低，室温太高可能导致管制员困倦和疲劳。

4）灯　光

受主观因素影响，不同管制员对于灯光的强度要求并不一致，照明设施应设计为可由管制员自由调控；但由于生理上的条件反射，昏暗的环境促进困倦和睡意，进近和区域管制室的光线必须明亮；塔台管制室考虑到反光等因素，光线要暗；休息区的光线应避免昏暗，否则会导致管制员产生睡意；休息室的光线一定要足够昏暗且安静，这样才能保证管制员获得高质量的睡眠。

5）噪　声

管制室应注意加装隔音装置，避免起降飞机产生的噪音；管制员应佩带耳机，避免扬声器，特别是多个扬声器的互相干扰；电话铃声音量应适当。

6）特殊环境

主要是高原和高高原环境的影响。高原有着特殊的自然环境，其特点是低压、低氧、气候干燥寒冷、风速大、太阳辐射和紫外线照射量明显增大。在高原环境下，随着海拔的升高，空气中的氧分压不断降低，管制员如果长期处在这种缺氧环境中，严重者可出现低氧血症。由于人的神经组织对内外环境变化最为敏感，因此在缺氧条件下，脑功能损害发生的最早，损害程度也比较严重，且暴露时间越长，损害越严重，特别是对感觉、记忆、思维和注意力等认知功能的影响显著而持久。高原缺氧对人体感觉机能的影响出现较早，其中视觉对缺氧最为敏感。在海拔 4 300 m 以上高度时，夜间视力明显受损，并且这种损害不会因机体的代偿反应或降低海拔高度而有所改善。管制员的听觉机能也会随着海拔的增加而受到影响，在海拔 5 000 m 左右，高频范围听力下降，5 000 ~ 6 000 m 时中频和低频范围听力显著减退，听觉的定向力也受到了明显的影响。在记忆方面，由于记忆对缺氧极为敏感，海拔 1 800 ~ 2 400 m 时，人的记忆力便开始受到影响；5 000 m 左右出现记忆力薄弱，此时很可能已不能同时记住两件事情；随着海拔的升高，缺氧程度的加重，管制员可能会表现出不同程度的记忆损害,从记忆的下降到完全丧失记忆能力。如缺氧已导致个体思维能力显著损害，但自己却往往意识不到，做错了事也不会察觉，还自以为思维和工作能力“正常”。这一点对于管制工作来说无疑是死穴，如果当班管制员发生类似情况，将会整体影响整个飞行安全以及航班正常运行。

3.5.4 执勤排班因素及对比

1）守夜班

应特别注意夜班管制员的疲劳问题，夜班环境应采取明亮的光线抑制疲劳，避免高温环境，可将室温调低，管制员根据室温增添衣服。

2）倒班模式

我国管制员倒班的主要方式是四班倒(工作两天休息两天),或三班倒(工作两天休息一天)，主要缺点是和社会的生活节奏不符。发达国家航空公司的做法是，管制员工作时间都尽可能接近“朝九晚五”的作息制度，以星期为单位，每周工作 4 天或 5 天，最后一天部分人员值夜班，这样更接近社会和家庭的工作生活节奏。国外一个典型的五天倒班循环制度为：上午班—上午班—下午班—下午班—夜班—休息第 1 天—休息第 2 天。其中上午班为 8:00—16:00，下午班为 16:00—23:00，夜班为 23:00—次日 8:00。

3）连续在岗时间

国外对管制员的一项跟踪研究结果指出，当管制员处于低强度工作负荷的情况下，连续工作 4 小时仍可保持相对稳定的疲劳水平；而当管制员处于高强度工作负荷的情况下，连续工作 2 小时后疲劳便开始迅速地显现出来。国际上通行的惯例规定“连续在岗时间标准为 2 小时，在工作负荷小、空中流量小的情况下，可以延长但不应超过 4 小时，在高强度、大流量、情况复杂、恶劣天气等情况下应进一步缩短连续在岗时间”。我国空管规则规定“直接从事雷达管制的管制员连续在岗时间不得超过 2 个小时，两次工作时间不得少于 30 分钟”。

4）加班和休假

加班是造成管制疲劳的一个重要原因。加班破坏了管制员的恢复性休息，使得管制员从之前一轮倒班的疲劳中得以恢复的效果大打折扣，而且如果加班贯穿两个轮班，则可能造成更严重的疲劳累计问题。休假是消除慢性累计疲劳的最有效的方式，国外管制员都根据工龄或年龄享有每年 15 至 30 天不等的休假疗养。我国空管加班频繁和无休假制度保障的根本原因就是管制员数量的严重短缺，所以应将解决管制队伍规模作为问题的突破口。也许是因为加班和休假对空管疲劳的影响往往是隐性的，所以目前这两个因素并没有得到应有的重视，但如果隐性问题长期得不到缓解或解决，经过时间的不断累计，必定会以不安全事件甚至事故的显性形式显现出来。

休息间歇是必不可少的，但也同样会带来负面影响。运行差错往往发生在第一次接班开始工作之后以及刚从休息间歇返回之时。管制员在刚接班的时候，需要在头脑中重新建立空中交通的情境，此时他们往往是最脆弱的。

加拿大的疲劳管理研究组织（CTWG）指出："在一定条件下，延长席位工作时间可能导致效能的降低。两个休息间歇之间的在岗值勤时间基准应为 2 个小时，在非繁忙情况下可延长但不能超过 4 个小时。"英国空管的规定是"两个小时之后必须提供休息间歇，在某些个别的或者特别的情况下，连续工作时间可以延长至 4 个小时，但必须获得主管的批准"。

在设计排班表时要考虑诸多因素，如公司利益（安全、生产能力和效率）、健康影响因素以及个人偏好等因素。管制员工作中的特殊情况、工作负荷、空间和时间的分配、个人情况，如年龄、空闲时间、家庭状况、态度、社会支持以及组织结构都在排班过程中扮演重要角色。在管理排班时，首先需要考虑的因素就是法律法规，所有国家（地区）在制定排班计划时都应以遵循法律法规为前提。

在管理管制员疲劳时，规定执勤和休息时间限制是最为传统并且简单的方法。这一做法源自早在工业革命时期就开始的对工作时间的限制，该方法反映了人们早期对疲劳的认识，即长时间不间断工作会导致疲劳，需要充足的时间从工作需求中恢复过来。规定时间限制虽然不够完善和科学，但是方便应用，因此目前许多国家仍采用这种方法来保证安全。

随着人们对疲劳风险的认识逐步增强，欧美国家均结合睡眠和疲劳的相关研究，在管制员排班计划确定方面制定了一系列规章限制，以期待逐步规范和发展管制员疲劳风险的管理。中美欧疲劳管理规章概括如下（表 3.1）。

表 3.1 中美欧疲劳管理规章概要

国家	法规名称	发布时间	发布机构
中国	交通运输部令第 30 号,《民用航空空中交通管理规则》(CCAR-93-R5)	2017 年 9 月 20 日	交通运输部
美国	《美国联邦法规》Title 14	2014 年 1 月 1 日	联邦公报管理委员会
	Order 7210.3*Y*, *section* 2-6-7, "*Basic Watch Schedule*"	2014 年 4 月 3 日	FAA
英国	*CAP* 670 *Part* 2—*Section* 2 *Scheme for Regulation of ATC Hours*	2014 年 4 月 30 日	CAA
欧盟	*DIRECTIVE* 2003/88/*EC*	2003 年 11 月 4 日	EU

1)中 国

《中华人民共和国劳动法》第三十六条规定：国家实行劳动者每日工作时间不超过八小时，平均每周工作时间不超过四十四小时的工时制度。

《民用航空空中交通管理规则》(CCAR-93-R5)规定如下：

第一百二十六条 管制员执勤期间出现因疲劳无法继续从事其工作的状况时，应当及时向所在管制单位报告。管制单位不得继续安排疲劳管制员执勤。

第一百二十七条 除出现了人力不可抗拒因素或者应急情况之外，管制员的执勤时间应当符合下列要求：

(一)管制单位不得安排管制员连续执勤超过 10 小时；

(二)如果管制员在连续 24 小时内被安排执勤超过 10 小时，管制单位应当在管制员执勤时间到达或者累计到达 10 小时之前为其提供至少连续 8 小时的休息时间；

(三)管制员在 1 个日历周内的执勤时间不得超过 40 小时；

(四)管制席的管制员连续岗位执勤时间不得超过 6 小时，从事雷达管制的管制员，连续岗位执勤时间不得超过 2 小时，两次岗位执勤时间之间的间隔不得少于 30 分钟；

(五)管制单位应当在任意连续 7 个日历日内为管制员安排 1 个至少连续 24 小时的休息期，或者在任一日历月中安排相当时间的休息期；

(六)管制单位应当在每个日历年内为管制员安排至少一次连续 5 日以上的休息时间。

由于人力不可抗拒因素或者应急情况，导致管制员的执勤时间或者岗位执勤时间超出了上述规定时，管制单位应在条件允许时，及时安排管制员休息，超出规定的执勤时间或者岗位执勤时间应计入下一执勤时间。

2）美　国

FAA 的规章政策对管制员的排班做出了一些限定,《美国联邦法规》Title 14 规定：

除非紧急情况，塔台管制员在连续 7 天中，至少 1 次解除所有任务，休息至少连续 24 小时。在制订排班计划时不能要求管制员：

a. 连续执勤超过 10 小时，或者

b. 在连续 24 小时内执勤超过 10 小时，除非管制员在 10 小时的执勤结束时或结束前最少有 8 小时的休息时间。

为降低疲劳风险，提高管制员的警觉性和绩效，FAA 颁布的 *Order 7210.3Y—Facility Operation and Administration*，*section* 2-6-7，"*Basic Watch Schedule*"（自 2014 年 4 月 3 日起实行），细化了管制员排班规定。

制订排班计划时要考虑常规交通流量，因此允许发布不确定时间的连续排班表。管理者负责确定排班计划符合与管制员协会（NATCA）的劳资协定。

首要任务是空中交通管理和确保飞机间隔的管制员，其排班必须符合以下要求：

（1）一次轮班中执勤时间不能超过 10 小时。

（2）一次轮班前的工作时间，无论是否进行操作，都计入操作时间。

（3）超过 10 小时工作必须是非操作性的。

（4）轮班之间最少休息时间为 8 小时，除了以下情况：（a）在白班开始前最少有 9 小时的连续休息时间。白班是指大部分工作时间在 7:00 am 到 4:00 pm;（b）此项要求适用于所有换班，改变排班计划，召回和加班。

（5）在轮完大夜班后最少有 12 小时的休息。（大夜班是指大部分执勤时间在 10:30 pm 到 6:30 am）

（6）如果为管制员安排超过两个连续 10 小时大夜班，所有的夜班开始时间要在 21:00 后。

（7）在任意连续 6 天中不能安排超过 4 个 10 小时的大夜班。

（8）白班后不能立即安排 10 小时的大夜班。

（9）8 小时的大夜班不能加班超过 1 小时。

（10）在 8 小时的大夜班前，值一个 8 小时的白班时，要求执勤开始时间在 5:30 或之后。不能要求管制员早班开始时间早于 5:30。

（11）当轮班超过 6 次后，必须要休息一天。

（12）经批准的请假，补休，学习时间都被认定为执勤时间。

（13）这些规定适用于排班调整，包括换班或改变排班计划。

3）欧　洲

欧盟一直致力于建立一个类似于美国的联邦航空局（FAA）的航空安全机构，来负责起草并制定全欧盟的民用航空安全和环境方面的规定，使其达到较高安全水平的要求。2002 年 6 月，欧盟（EU）十五国在布鲁塞尔的会议上决定成立“欧洲航空安全局”（EASA），其目标是最大限度地保护公民的安全，促进欧盟航空业的发展。EASA 仅对飞行机组的工作时间做出了限制，并没有对管制员的工作时间做出限制。所以采用欧盟的统一标准。

欧盟 2003 年 11 月 4 日颁布的 *DIRECTIVE* 2003/88/*EC* 规定了与工作时间有关的最低要求，以确保员工的安全与健康。为了保证员工不会因为过度工作、休息不充分、排班不规律而影响健康，特别规定如下：

（1）在 24 小时内，每天应有连续 11 小时的休息时间。

（2）一天工作 6 小时后最少休息 30 分钟。

（3）每七天最少休息连续 24 小时。

（4）最少有 4 周带薪年假，并且年假不能以补贴代替。

（5）周最大工作时间不能超过 48 小时，包括加班。

（6）夜班和轮班时间。

（7）在制订轮班计划时应考虑工作时间安排是否符合员工的要求。

（8）在任意 24 小时内，夜班工作平均不超过 8 小时。

（9）在为员工安排夜班工作前要进行体检，并在之后定期免费为夜班工作人员做体检。

注：上述的工作时间即连续执勤时间。

4）英　国

英国民航局（UK Civil Aviation Authority）颁布的 *CAP* 670 *Air Traffic Services Safety Requirements PartD Human Resources—Part* 2*—Section* 2 *Scheme for Regulation of Air Traffic Controllers' Hours*（*SRATCOH*）（2014 年 4 月 30 日起生效）对于管制员的排班做出了如下规定：

（1）执勤期。

执勤期包括轮班开始到结束的时间、规定的休息，也包括用于培训、场地巡查、气象观测、收降落费、管理及其他延伸任务的时间。

（2）最大执勤时间。

执勤时间上限为 10 小时。连续 720 小时（30 天）内执勤及待命时间合计不能超过 300 小时，执勤时间不能超过 200 小时。

（3）轮班间休息间隔。

两班之间休息时间不能少于 12 小时。只有在管制员同意的情况下可以减少（最多 1 小时），并且在任何情况下，在连续 720 小时中最多只能有 1 次。

（4）轮班循环间休息时间限制。

在连续 144 小时（6 天）内的 6 次连续轮班或 50 小时的轮班后（取较早发生者），下一次轮班前，至少有 60 小时的休息。当符合下述情况时，可以减少休息时间，在连续 720 小时（30 天）内，在轮班循环间应有最少 3 次休息时间满足以下要求，这些休息时间总计不能少于 180 小时，最小休息时间不能少于 54 小时。

（5）操作时间。

操作时间是指管制员在席位实际操作执照范围内的任务的时间。

（6）操作内的休息间歇。

① 连续操作时间不能超过两个小时，每次休息不能少于 30 分钟，且休息是要完全脱离任务。

② 休息应该包括任何可以缓解由于工作导致的身体和心理疲劳的措施。这些措施最好是完全脱离任务，如可以提供个人充分休息的休息区域或设施。

③ 如果一天中某个时刻工作负荷小，操作并非连续性的，操作时间可以延长至 4 小时。但是以上休息时间与操作时间是成比例的（例如 3 小时后休息 45 分钟，4 小时后休息 60 分钟）。

（7）大夜班执勤。

大夜班是指执勤的大部分时间在凌晨 1:30 到 5:29。

① 大夜班限制：连续夜班不能超过两次。任何情况下夜班最长时间不能超过 9.5 小时，并且夜班结束不能晚于 7:30。

② 夜班后休息间隔：在夜班结束后，在下一次执勤开始前，最少休息时间为 54 小时。在特殊情况下，得到管制员同意后，管制员最少休息时间可缩短为 48 小时，并且只有本该上班的管制员临时请假时可以使用。

（8）Early Starts（以下简称 ES）。

ES 指执勤开始时间在 5:30 到 6:29。

ES 限制：

① 在 144 小时（6 天）内，ES 不能超过两次。如果每次执勤开始时间在 6 点以前，则不允许连续 ES 工作。当考虑连续早班时，将一次 6 点前开始的 ES 看作两次早班。

② ES 的连续执勤时间不能超过 8 小时。

③ 当一个空管中心为了缓解疲劳，将操作时间缩短为 1.5 小时时，所有

6 点前 ES 的管制员在岗时间都要缩短为 1.5 小时，不分席位。6 点或以后 ES 的管制员，第一次休息时间应缩短为 1.5 小时。

（9）早班。

早班指执勤开始时间在 6:30 到 7:59。

早班限制：连续早班数不能超过 5 次。ES 也被计入早班，6 点前 ES 记为两次早班。早班连续执勤时间不能超过 8.5 小时。

（10）其他限制。

① 交接班时间间隔：交接班时间由 30 分钟减少为最多 15 分钟，且这 15 分钟不计入接班的管制员的工作时间。

② 假期：每年休假时间合计不能少于 10 天，并且连续休假日不能少于 5 天。

5）澳大利亚

澳大利亚管制员轮班循环之间的休息日规定：

（1）两个连续的排班之间至少要保证 10 个小时的休息时间（如果有特殊或临时情况需要召回工作，需要至少 8 小时休息）;

（2）在一轮连续 6 天的倒班或者一轮连续 40 小时的值班之后，必须保证 3 个完整的休息日；

（3）在一轮连续 5 天的倒班或者一轮连续 30 小时的值班之后，必须保证 2 个完整的休息日；

（4）以 28 天为一个排班循环周期计算，在每个循环周期内，最少安排 8 个休息日，而且这其中要包括最少 2 次连续 2 天的完整休息日；

（5）在任何连续的 6 周时间内，不应安排超过 7 段快速变换的排班。

6）排班对比

中国仅规定了连续执勤时间、操作时间及两次操作间休息时间，对管制员没有月份总工作小时、早夜班开始和结束时间、夜班小时数、轮班周期等的规定，管制员休假疗养制度的规定也是空缺。中国的规章发展起步较晚，针对疲劳问题的研究基础也较薄弱。

相比中国，美国的规定更为详细，包括连续执勤时间、两班间休息时间、夜班小时数、夜班后休息时间、夜班次数限制、带薪年假天数等。但美国并没有规定操作时间和两次操作间的休息时间。

而英国的规定最为详细具体，考虑了管制员疲劳影响因素的相关研究，在各个不同方面都做出了限制。规定包括连续执勤时间、操作时间、两次操作间休息时间、两班间休息时间、轮班循环间休息时间、夜班结束时间、早班次数限制、交接班时间间隔及 ES 的相关限制等。各国轮班限制如表 3.2 所示。

表 3.2　各国轮班限制

<table>
<tr><th colspan="2">轮班相关限制</th><th>中国</th><th>美国</th><th>英国</th></tr>
<tr><td colspan="2">连续执勤时间</td><td>6 h</td><td>10 h</td><td>10 h</td></tr>
<tr><td colspan="2">操作时间/休息时间</td><td>2 h/30 min</td><td></td><td>2 h/30 min</td></tr>
<tr><td colspan="2">两班间休息间隔</td><td>—</td><td>8 h（白班前 9 h）</td><td>12 h</td></tr>
<tr><td colspan="2">轮班循环间休息间隔</td><td>—</td><td></td><td>60 h</td></tr>
<tr><td rowspan="4">夜班相关</td><td>连续夜班次数</td><td>—</td><td>4 次（10 h 的夜班）</td><td>2 次</td></tr>
<tr><td>夜班后休息时间</td><td>—</td><td>12 h</td><td>54 h</td></tr>
<tr><td>夜班小时数</td><td>—</td><td></td><td>9.5 h</td></tr>
<tr><td>夜班结束时间</td><td>—</td><td>7:30 am</td><td></td></tr>
<tr><td rowspan="2">早班相关</td><td>连续早班数</td><td>—</td><td></td><td>5 次</td></tr>
<tr><td>早班连续执勤时间</td><td>—</td><td></td><td>8.5 h</td></tr>
<tr><td colspan="2">是否有 ES 相关规定</td><td>—</td><td>—</td><td>有</td></tr>
</table>

综上，英国的排班规定更加合理科学。更加细化的排班规定体现出英国对管制员疲劳的重视以及对管制员疲劳研究的深入，只有清楚了解管制员疲劳机理及疲劳影响因素，才能在多方面做出限制以保障管制员的健康。

相比而言，英国的规章中两班间休息间隔最长，为 12 小时；同时对两班间休息间隔及轮班循环间休息间隔也做出了规定，夜班后休息时间（54 小时）也可以使管制员得到充分的休息；最主要的是，英国还对 ES 做出了限制，可见其规章的全面性。

因此，对于管制员的排班规定，美国、英国及欧盟的现行规章整体要优于中国。英国的规章值得借鉴。我国新版《民用航空空中交通管理规则》，对管制员执勤的规定有所完善。但对休息场所、休息时间等规定还需出台细化的操作规范才便于操作实施。

在遵循法律法规的基础上，为了实现安全运营，在管制员操作水平和人员配置基础上，由排班计划制订者决定每一班制需要多少名管制员，同时根据管制员的资历确定年假时长。因为各个国家的法律法规不同，交通流量模式、空域结构、管制员需求与人数等有着很大差别，所以各个国家的排班计划也不尽相同。以下将就上文所列的影响疲劳的轮班相关因素，对各个国家的排班实践进行横向与纵向对比，同时结合各国国情和法律法规、流量情况，总结出了一些好的经验。

我国现在执行的轮班循环模式大多为上二休一或上二休二，具体排班方式见表 3.3。

表 3.3 中国部分地区管制员排班表

天数 地区	天津（上二休二）	北京（上二休二）	中南局（上一休二）
1	11:30—16:30	11:00—18:00	8:00—次日 8:00
2	7:30—11:30	7:00—11:00	休息
	16:30—次日 7:30	18:00—次日 7:00	休息
3	休息	休息	
4	休息	休息	

（1）2/2 模式与 1/2 模式纵向对比。

以上分析发现，在管制员疲劳程度方面，上二休二（以下简写为 2/2）与上一休二（以下简写为 1/2）相比，虽然每次轮班循环中工作时间都为 24 小时，但是在一个周期（28 天）中，1/2 模式的工作时间（216 小时）远远大于 2/2（168 小时），相差达 50 小时；1/2 模式连续执勤时间最长，为 24 小时，因此管制员的工作负荷无疑更高，疲劳程度更加严重；同时 2/2 模式管制员在 4 天的轮班结束后有 52 小时的休息时间，相比 1/2 模式增加了周末的休息时间。

在管制员接受度方面，1/2 模式由于班制连续，直接上 24 小时，省去了上班或者回家往返的时间与精力的消耗，同时工作同样多的时间，占据的工作周时间仅为 240 小时，远小于 2/2 模式，对于管制员来说比较方便，可能更受管制员的喜爱。

（2）2/2 模式内横向对比。

在管制员效能方面，对于同样采用 2/2 模式的天津、北京，我们也有一些发现。首先是早班开始时间，在轮班基本要素中已经分析过早班开始时间对疲劳的影响。北京的早班开始时间是 7:00，管制员早晨可能要在 5:30 起床，这对管制员的疲劳程度会有一定影响从而影响绩效水平。

在安全风险方面，天津大夜班前休息时间最短，管制员 11:30 下班后，16:30 要接着上夜班，只有 5 小时，无法进行充分的休息从而为夜班做准备。

天津连续执勤时间也是最长，达到 15 小时，有研究表明，当工作超过 9 小时后，事故风险呈指数规律增长。而北京大夜班前休息时间最长，为 7 小时，连续执勤时间最短，为 13 小时。因此相比较，天津的排班计划对于管制员疲劳的影响更大，北京的排班计划值得借鉴。

经过对比，北京的排班夜班前休息时间最长，连续执勤时间最短，休息时间较长，排班计划最优，早班开始时间稍做延长会更有利于管制员健康。

中国管制员的轮班还存在三个较为普遍的问题：一是民航规章规定连续执勤时间不能超过 6 小时，部分地区管制员的排班都存在超时现象；二是管制员在两次操作间 30 分钟的休息，部分单位并没有“完全脱离岗位、不再对安全负责”，所谓的轮岗休息只是管制席和助理席之间相互轮换，但助理席需要对管制席的工作进行监控，出了问题承担同样的责任，这样的轮换无法保证管制员充足的休息时间，休息时间和休息的质量大打折扣；三是管制员正常值班之外的休息时间被行政会议和培训、执照检查考试等繁重的任务占用，导致管制员在下班后得不到充分休息。

为了制订排班计划，FAA 首先确定了三种核心班制，早班（7:00—15:00），晚班（15:00—23:00）和大夜班（23:00—次日 7:00）。在此基础上，为了更好地安排当地的管制员，由当地空管中心管理者和管制员协会（NATCA）代表协商排班方式。

为了实现安全运营，在管制员操作水平和人员配置的基础上，由管理者决定每一班制需要多少名管制员。同时管理者根据管制员的资历确定年假时长。由于每个管制中心的运营需求和员工的偏好不同，所以管制员排班并没有统一的标准。例如，管制中心可以选择日循环轮班（每天的排班都不同），周循环轮班（每一周的排班不同），连续轮班（每天的排班相同），或者最有利于员工的任意轮班方式的结合。

尽管 FAA 并没有制定统一的排班表，但是有以下几种典型的排班模式更为流行，主要有永久时间表、快循环和慢循环三类。

永久时间表（Permanent Shifts）：每次执勤工作开始和结束时间保持不变。

快循环（Rapidly Rotating Shift）：一个轮班周期内轮班工作开始时间和结束时间改变的时间表。其具体形式可能会各不相同，但有两种主要的快循环时间表，即 2-2-1 顺时针循环和 2-2-1 逆时针循环。

慢循环：永久时间表的另一种变形。第一周五天在同一特定时间工作，下一周则在另一时段工作。它主要指五连续排班模式。首先分析 2-2-1 逆时针循环，如表 3.4 所示。

表 3.4 2-2-1 逆时针循环（1）

排班	2-2-1 逆时针	两班中间的休息时间/h
1	15:00—23:00	
2	15:00—23:00	16
3	7:00—15:00	8
4	7:00—15:00	16
5	23:00—次日 7:00	8

逆时针循环工作周开始是下午班，然后是早班，最后是夜班。这是美国管制员的普遍工作方式。这个时间安排占据工作周时间为 88 小时（第一天的 15:00 至第五天的 7:00），而传统的 5 天 8 小时工作制（第一天 9:00 到第五天 17:00）占据工作周时间为 104 小时，工作时间同样都是 40 小时。管制员都喜欢这种排班制，因为 5 天的轮班结束后休息时间为 80 小时。

这种安排最受关注的是夜班，管制员夜班前会有些不适应睡眠的习惯，但是之后的周末可以提供足够的时间消除积累的睡眠负债。表 3.5 为 2-2-1 逆时针循环模式的另一种模式。

表 3.5 2-2-1 逆时针循环（2）

排班	2-2-1 逆时针	两班中间的休息时间/h
1	15:00—23:00	
2	14:00—22:00	15
3	7:00—15:00	9
4	6:00—14:00	14
5	22:00—次日 6:00	8

这种 2-2-1 循环模式的特点是一周轮班中工作开始时间逐渐提早，由 15:00 提到 14:00，由 7:00 提到 6:00。逆时针循环包含每个班制开始时间的变化。这种 2-2-1 循环与传统的逆时针循环相比，工作周时间缩短为 87 小时，休息时间为 81 小时，两班中间的休息时间也有所变化。表 3.6 是 2-2-1 顺时针循环。

表 3.6　2-2-1 顺时针循环

排班	2-2-1 顺时针	两班中间的休息时间/h
1	7:00—15:00	
2	7:00—15:00	16
3	15:00—23:00	24
4	15:00—23:00	16
5	23:00—次日 7:00	24

顺时针循环工作周开始是早班，然后下午班，最后夜班。顺时针循环使人体生理节律相位延后，逆时针轮换使人体节律相位超前。人体的生物节律一般以 25 小时为周期循环，一天有 24 小时，受到生物节律延迟的影响，人体适应时间顺差的能力要好于适应时间逆差的能力，顺时针轮换模式更遵循人体的生物节律。

这种循环看似引起的疲劳风险最小，却是不太受管制员欢迎的一种轮班制，因为压缩了周末时间。这个时间安排的工作周时间为 96 小时（第一天的 7:00 至第五天的 7:00），其中工作时间为 40 小时，5 天的轮班结束后有 72 小时的休息时间。这种模式与逆时针循环（80 小时）相比减少了周末时间。由于周末是提供时间以恢复值夜班疲劳的，那么周末时间的减少增加了管制员下一周疲劳工作的可能性。因此，如果制定顺时针轮班表，需要寻求一种方法，使管制员在周末有足够的休息时间。

同时，为了减轻、缓解疲劳，顺时针模式在大夜班之前提供了更多休息时间。但是研究发现，管制员们并不能很好利用这个时间为大夜班做准备。除非管制员在两次轮班之间休息时间过少，否则顺时针和逆时针相比对疲劳的影响几乎没有差别。最后是连续五天值班时间表，如表 3.7 所示。

表 3.7　连续五天值班表

排班	起始时间	两班之间的休息时间/h
第一周 5 天	7:00—15:00	16
第二周 5 傍晚	15:00—23:00	16
第三周 5 夜	23:00—次日 7:00	16

连续五天值班时间表是连续在相同时间值班工作一到两个星期，每工作五天休息 2 天。一般开始是两周白班，然后循环到两周的傍晚班，之后是两周夜班。两个连续值班间有 16 小时休息时间。

人们普遍认为，连续上五天夜班足以使人身生理节律适应夜间生活，然而这种论断是没有理论支持的，相反，没有人能完全适应夜间工作。一项研究指出，与第一天的夜班相比，第二晚事故率高出了 13%，第三晚高出 25%，第四晚达到 45%。连续值五个夜班的管制员由于白天平均睡眠少及质量差而积累了多于 10 小时的睡眠负债，他们需要整个周末来弥补缺少的睡眠，而且下周工作开始时容易疲劳。

此外，即使连续值夜班可使生理节奏适应，管制员仍然有很多麻烦。例如夜间交通流量较低会降低他们的管制精通程度，以致难以应付高的工作负荷；厌倦产生疲劳，最终导致其消极工作。

前面已经对比分析了中国不同地区管制员的排班模式，相对来说上二休二（2/2）模式更受欢迎，而 FAA 管制员的 2-2-1 逆时针循环模式在美国最为普遍，所以在此以这两种排班模式（表 3.8、表 3.9）为例对中美排班模式进行比较。

表 3.8　天津排班表

排班	2/2	两班中间的休息时间/h
1	11:30—16:30	
2	7:30—11:30	15
	16:30—次日 7:30	5
3	休息	
4	休息	

表 3.9　FAA 排班表

排班	2-2-1 逆时针	两班中间的休息时间/h
1	15:00—23:00	
2	15:00—23:00	16
3	7:00—15:00	8
4	7:00—15:00	16
5	23:00—次日 7:00	8
6、7	休息	

表 3.10 中国与 FAA 排班对比

国家	早班前休息时间	大夜班前休息时间	早班开始时间	最大连续执勤时间	一个轮班周期/28 天工作时间	轮班循环/28 天休息时间	轮班循环/28 天占据的工作周时间
中国	15	5	7:30	15	24/168（×7）	52/364	44/308
FAA	8/16	8	7:00	8	40/160（×4）	80/320	88/352

（1）中国轮班制的优点。

由表 3.10 可以看到，同样的 28 天中，中国管制员工作时间为 168 小时，虽然比 FAA（160 小时）多 8 小时，但休息时间比 FAA（320 小时）多 44 小时，轮班制占据的工作周时间也比 FAA（352 小时）少 44 小时。而中国早班开始时间也比 FAA 晚 30 分钟，这样更利于管制员早班时保持良好的精神状态。

（2）中国轮班制的缺点。

中国管制员大夜班前休息时间为 5 小时，即 11:30 下班后只休息 5 小时便接着上长达 15 小时的大夜班，中间的 5 小时管制员一般不会选择回家，而是在宿舍休息，除去吃饭等时间，休息时间仅 3 ~ 4 小时，同时管制员在单位的时间长达 24 小时（从 7:30 至次日 7:30）。觉醒总时间过长，对管制员的警觉性会造成影响。

FAA 管制员大夜班前休息时间为 8 小时，且大夜班时长为 8 小时，相比较，管制员在大夜班前能够得到更充分的休息，大夜班中的疲劳程度也可以得到缓解。

因为中国与 FAA 的管制运行情况不同，管制员数量与班组搭配、轮班方式也不同，造成有 2/2 与 2-2-1 这两种不同的轮班方式，两种方式各有优缺点。

在疲劳程度方面，一个月中，中国相对于 FAA 的休息时间更长，占据的工作周时间更少，理论上中国的管制员疲劳程度会更低一些。

在安全风险方面，中国管制员大夜班前休息时间更少，大夜班时间更长，觉醒总时间更长，因此中国的管制员工作中安全风险更高。

在科学性与合理性方面，两种排班方式都是根据本国的国情与管制员的人员结构制定，都是保证安全与保障管制运行权衡后的较优方案，各有利弊。

7）对比结果

在对比分析了中国、美国、欧洲、加拿大及新西兰的排班实践后，我们总结出以下几点：

首先，对于永久时间表，管制员长期固定在某一个时间段执勤，特别是夜班执勤的管制员极易造成累积睡眠债，并产生厌倦心理。相比而言，变化的时间表对管制员健康的影响更小。

其次，对于变化的时间表，慢循环通常为按周轮换，管制员通过 4 ~ 5 天的调整，生物钟刚适应当前轮班，又因班次更替重新进行调整，人体节律经常处于不稳定的过渡状态，最不可取。

快循环与慢循环相比，对生物节律的干扰明显减少，睡眠缺失的累积效应降低，使管制员尽可能保持原有生物节律，使轮班作业呈现更好的适应性。

快循环模式下的顺时针模式更遵循人体的生物节律，但是减少了管制员周末休息的时间，占据的工作周时间更长。逆时针模式则恰恰相反，所以更受管制员的喜爱。

经比较，大部分地区的管制中心选用以团队为基础的排班计划，有固定的工作/休息周期，不存在个体差异，更要求团队成员间的合作与沟通。小的管制中心多采用以个人为基础的排班计划，在排班时考虑管制员个人的特点与喜好，没有固定的周期，相对灵活。

所以，选用变化的时间表，快循环模式下的顺时针模式相比较更优，但是需要寻求一种方法，使管制员在周末有足够的休息时间。大型的管制中心宜采用团队排班计划，小的管制中心采用个人排班计划。

3.5.5 组织管理因素

组织管理就是由一个或若干个人通过行使各种管理职能，使组织中以人为主体的各种要素合理配置，以达到实现组织目标而进行的活动，也可以说组织管理就是一种协调活动。荷兰莱顿大学的实验心理学家 Wanaenaar 特别强调指出，引发人因事故的组织管理因素主要有：不相容的管理目标，组织失效，沟通失效。美国波士顿大学的心理学家 Baram 根据化工系统的事故分析得出结论：管理与组织的错误是事故的主要原因，并不归因于技术失效或操作者水平的错误。英国曼彻斯特大学的心理学家 Reason 认为，组织管理方面的错误在人因事故中有极重要的作用。所有这些都表明，组织是一个联系的整体，在组织命令的实施当中由于组织中的个人组织者或群体组织者的决议的失误以及传递错误，将最终导致组织的错误发生，而不是由于独立的个人原因而引发人因事故。

1）疲劳管理培训

应对管制员及其家属进行疲劳的预防和管理方面的教育培训，指导管制员更好地利用休息时间使得疲劳的缓解效果最大化；应对管制带班进行疲劳培训，使带班能够做到保证班组全体成员时刻处于可允许的疲劳状态之下；应对部门管理者进行疲劳培训，让管理者更有效地做出有利于整个部门疲劳管理的决策。

2）安全意识

管制员要牢固树立正确的安全意识和忧患意识，努力培养对管制工作的热爱。热忱投入工作的人以及时刻保持警惕的人不容易产生疲劳，反之，对工作充满怨言和消极情绪、工作态度松懈倦怠的人，往往容易产生疲劳。管制部门应在加强对管制员安全意识教育，宣传爱岗敬业、无私奉献的同时，从待遇认同、社会认同等方面实实在在地为管制员全身心投入空管工作创造有利的安全文化氛围。

3）组织文化

对于单位的组织文化，即各管制单位的组织氛围会对管制员疲劳产生一定的影响。如果单位文化淳朴，风气纯洁，各管制员与单位其他同事关系融洽，上下级关系正常，没有腐败作风，那管制员就不会受到时常担心与领导关系不好、被人“穿小鞋”等不利因素的影响。良好的组织文化能调动管制员的工作积极性，管制员与单位其他同事形成一个强大的团队，在工作时更能形成良性的竞争关系，大家互相学习，共同进步；相反，如果一个管制单位文化低迷，士气不正，内部拉帮结派，整日钩心斗角，势必会影响管制员的工作状态，给管制员造成无形的心理压力，使其在管制工作中无法全神贯注投入，缩手缩脚，不能当机立断，更会从心理上产生厌倦情绪，从而影响管制工作正常进行。

3.5.6 工作负荷因素

工作负荷是测量人们在完成工作任务时承受的压力。我们所讨论的管制员工作负荷，指的是为处理当时的状况所需要付出的脑力劳动。环境的要求可以看作客观的工作负荷，而脑力劳动则是管制员所感受到的工作负荷。

工作负荷有两类：可观察的客观负荷和认知理解的主观负荷。前者可以用量表示，如需要管制的飞机数量、交通形式的复杂程度、航迹的复杂性、需要的通信和协调量、数据的输入量等。时间紧迫性以可用时间与需要时间之比来定量表示，也与设施有关，如工作台的显示器、操纵器，要求的手动输入、文件工作及与其他管制员的联络等。认知理解工作负荷是管制员个人对环境和工作要求提出的要求，个人感受或主观的认知理解。认知负荷随扇区内飞机数量的增加而增大。不同的管制员，由于训练、经验、技巧、疲劳等因素，对相同的、可观察的工作负荷，他们的认知负荷可能不同。认知负荷十分重要，因为减少可观察负荷，不一定减少了认知负荷。认知负荷增加，可能影响到能力和安全；认知负荷不足，也易引起厌烦、单调情绪，降低能力。工作负荷评估的主要目的是，使人的信息处理能力在长时间内不能过重，也不能过轻，要留有余地，以应付意外情况。因为认知工作量无法定量计算，所以不可能有纯客观的工作负荷，只有通过比较系统改进前、改进后的工作负荷，才能得到这些改变对工作负荷的影响。图 3.5 大致分析了构成管制员工作负荷的主要因素。

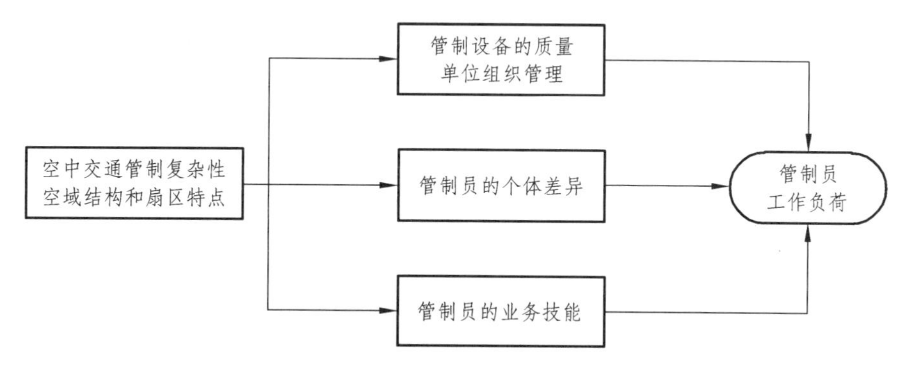

图 3.5　管制员工作负荷构成机理分析图

由图 3.5 可知，空中交通管制的复杂性、空中交通形势和扇区特点是管制工作负荷的主要因素源。它包括有飞行的气候条件、空域结构、航路结构、航线设计的特点，在管制空域的飞行流量、飞行员飞行技术水平，管制飞机的飞行种类以及军航飞机活动等。它们都是空中交通管制复杂性的具体表现，都将会影响管制员的工作负荷。我们把这些影响因素概括为管制员客观的工作负荷。我们会发现，即使是同样的飞机流量，具体到不同的管制空域，也将会产生不同的工作负荷强度。其中受影响的因素会是多方面的，最主要是受到管制空域和航线结构的影响。从图 3.5 中看出，管制员的工作负荷强度并不直接受管制复杂性的影响，它还受到其他因素的限制，主要是受管制设备、管制员个体差异性、管制员管制方式谋略间接的影响。

传统意义上讲，管制员的工作负荷是由管制状况决定的，如航空器的数量、航班密集度、陆空通话和管制协调的数量、天气情况等。上述种种因素主要描述了管制状况的多样性，管制员工作负荷是指管制员在执勤期间所有工作量的总和。目前关于管制员工作负荷的研究已非常成熟，管制员工作负荷可分为雷达监视负荷、雷达冲突负荷、协调管制负荷三大类。在对负荷进行分类的基础上，通过计算每类指令的时间权值和每类指令的发出次数，就可以得到工作负荷值。

根据对管制员工作负荷的分类及工作内容分析，可以得到工作负荷评估模型，即管制员工作负荷等于雷达监视负荷、雷达冲突负荷与协调管制负荷三者之和，如式（3.2）所示：

$$W(t)=W_{雷达监视}(t)+W_{雷达冲突}(t)+W_{协调管制}(t) \tag{3.2}$$

式中：t 表示自 t 时刻是开始的时间段；$W(t)$ 表示管制员负荷；$W_{雷达监视}(t)$ 表示监视管制负荷；$W_{雷达冲突}(t)$ 表示冲突管制负荷；$W_{协调管制}(t)$ 表示协调管制负荷。

国际民航组织（ICAO09426）中关于“DORATASK”规定：在基于雷达管制条件下，管制员的平均工作负荷小于其最大值的 80%。对扇区管制员负荷度的定义为：用来描述负责本扇区管制员的工作负荷程度，用 D（$0\leqslant D\leqslant 0.8$）来表示。管制工作负荷度的计算公式，如式（3.3）所示：

$$D_i(t)=\frac{W_i(t)}{t} \tag{3.3}$$

式中：i 表示第 i 个时间段；D 表示在时间 t 内的管制员工作负荷 $W(t)$ 所占比例。

管制员的工作负荷疲劳程度存在某种相关关系，随着管制员的工作负荷逐渐增加，其在工作中的疲劳程度也逐渐增大，由此可得管制员工作负荷与疲劳程度的关系，如图 3.6 所示。

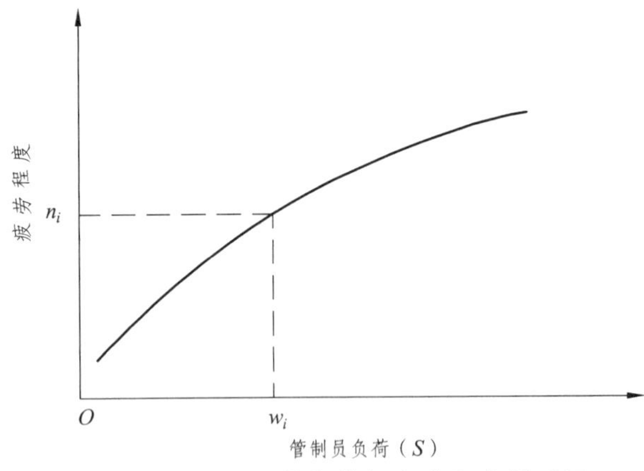

图 3.6　管制员工作负荷与疲劳程度关系图

随着科学技术在空中交通管制系统中的应用，管制员在某些工作任务上已经实现了自动化。管制设备的自动化对工作负荷的影响、自动化程度增高对主观工作负荷的实际影响很大程度上取决于使用者与自动化界面的设计人-机任务分配网。静态的任务分配方案可能降低生产率，而一个动态的、可调整的工作分配方案可以提高整个人-机系统的效率，降低脑力活动的主观工作负荷。

自动化发展的一部分假定目标是减少工作负荷，但人们也有足够的理由去怀疑这个目标是否已经实现。在空中交通管理的环境中，数据的输入调用方法之类的附加事项实际上增加了工作负荷。仅仅在空管系统的某些方面实行自动化，并不一定能使空中交通管制员管理更多的交通。自动化应当旨在消除非根本性的任务，减轻工作负荷强度，从而让管制员能够将精力集中到更加严重的任务上，如监视或直接的系统控制。

分析飞行流量增长中应考虑两大因素的影响，利用在管制区域内交通流量增长来分析衡量管制员工作负荷。管制员的工作负荷就由三大部分组成，即陆空通话、工作计划预案的准备、解决飞行冲突工作量。空域容量的限制主要是受到了管制员工作负荷的影响而不是管制间隔标准的限制。换句话说，如果空中交通管制系统管制程序能够降低单位飞机指挥工作量，这就有可能增加空域飞行流量直至受到管制间隔标准的限制。随着飞行流量的增大，工作负荷首先是受到了相关管制设备的限制，这主要是考虑到在某些管制区设备落后，其飞机飞行动态没有在相应的雷达设备显示，管制员工作负荷的限制从某种意义上讲已经成为限制空域流量的主要因素。流量限制最终的饱和状态是受到了管制间隔标准的限制。

随着飞行流量的增加，管制员在波道上通话的任务更加繁重，所包含的任务面积更大，管制计划预备的方案任务也显得越来越重，还有就是调配解决飞行冲突任务显得更为突出。我们在衡量管制员工作负荷、评测管制员所能承受的工作负荷时，一定要考虑到影响工作负荷的多样性和复杂性。工作压力是从人为角度来考虑的，工作负荷是测量人们在完成工作任务时承受的压力。

3.5.7 运行条件因素

1）极端天气

管制工作最怕的就是恶劣天气下的指挥。恶劣天气一般包括雷雨、低云低能见度、大风等。恶劣天气的直接影响，一方面就是管制通话的增加从而导致管制负荷的加重；另一方面就是管制员的注意力要更长时间地集中，导致管制员更容易产生疲劳感。

2）空军活动

管制工作中一项很重要的任务就是和空军协调，包括申请临时飞行空域，申请临时航路，空军训练时还要指挥航空器主动避让等，这些都加大了管制工作量，包括陆空通话量和电话协调量，时间一长容易引起管制员的注意力不集中产生疲劳。

3.5.8 睡眠作息因素

1）睡　眠

睡眠问题是造成空管疲劳的另一个主要原因。睡眠数量和品质的不良将大大影响管制员在执勤过程中的工作效能。恢复性睡眠对于缓解急性和慢性疲劳至关重要：短暂的小睡可以帮助机体快速恢复体力，所以应尽可能给管制员创造小睡的条件（特别是守夜班）；睡眠惯性在睡醒 30 分钟之内都存在，特别是刚睡醒的时候，所以应制定相关规定避免管制员刚睡醒就接班工作。澳大利亚空管机构在曾公布的一份报告中指出："一些管制员在接受调查时承认，他们有时会在工作台'打盹'。由于睡眠惯性的影响，在工作台小睡是一个危险的举动，一定程度上影响工作效能和安全。"在我国空管的夜班运行期间，一些短时间空中没有航班的塔台、进近管制室，或仅有几个航班的区域管制室，存在管制员在工作台打盹或小睡的现象，由于睡眠惯性的影响，这是非常危险的，应进一步制定规定或措施避免这种行为。对于存在睡眠疾病（如睡眠缺氧、睡眠障碍）的管制员，应该接受医学审查。

2）生理节律

混乱的生理节律是造成空管疲劳的最主要原因之一。由于空管工作具有全天候倒班的性质，管制员往往违反正常人的生理和作息规律。通宵工作的情况下，一个人生理上是试图促进睡眠的，而此时管制员要强迫自己保持清醒的工作；在夜班下班后的白天，一个人生理上是倾向于保持清醒的，此时管制员又要强迫自己去补偿睡眠。夜班是导致生理节律混乱的罪魁祸首，夜班持续时间应尽可能短（不应超过 8 小时），夜班之后应提供至少 2 个完整的休息日用于睡眠恢复，一轮倒班循环最多只安排一个夜班；生物钟的调整过程通常要 3～4 天，所以应尽可能地限制夜班数量和频率并合理地、均衡地分配给全体人员，否则管制员将长期处于生物钟的调整和慢性疲劳中。

3.5.9 班组搭配因素

班组人员搭配：管理人员进行班组的划分和现场管理时，应考虑技术强弱搭配、性格搭配、新老搭配、英语水平好差搭配等诸多问题。

3.5.10 其他因素

家庭和社会活动：良好的家庭和社会关系，可保证管制员在非执勤时间充分享受丰富的家庭和社会生活，有利于管制员维持健康的身心状态，缓解管制高强度工作造成的压力和疲劳。应尽可能避免占用休息时间进行无意义的加班、会议和培训学习，给管制员提供更多休息机会承担家庭责任和参与社会生活。

3.6 基于 AHP 法的疲劳致因案例分析

层次分析法（Analytic Hierarchy Process，AHP）是美国运筹学家 T. L. Saaty 教授于 20 世纪 70 年代提出的一种实用的多方案或多目标的决策方法，是一种定性与定量相结合的决策分析方法。它常被运用于多目标、多准则、多要素、多层次的非结构化的复杂决策问题，特别是战略决策问题，具有十分广泛的实用性。

3.6.1 指标构建原则

1）全面性原则

管制员疲劳影响因素的多因素性和多维度决定了疲劳评价具有多样性的特点。对管制员疲劳评价既要考虑个体因素的影响，也要考虑所处环境中人、机、组织等因素的影响，尽可能全面地衡量，这样才能够从不同角度全面地反映管制员实际疲劳水平。这里所说的全面，不是将所有影响因素一一罗列，这样会使疲劳评价重点不突出，而是要抓住和筛选出影响管制员疲劳的主要影响因素。

2）科学性原则

指标体系的科学与否直接关系到后续评价结果能否与实际情况相符，即反映实际情况。因此，在选取指标时应该尽量选取那些能够客观地、真实地反映管制员疲劳某一方面的信息的指标，该指标具有明确清晰的概念，能够给出该指标的具体描述。

3）层次性原则

将管制员疲劳评价分解为多个子层次来考虑，构成一个包含多个子系统的多层次评价指标体系，这样可以从不同层次来反映管制员疲劳的实际水平，能够抓住重点，根据实际制定相应的管理措施，便于发现问题、横向和纵向比较。

4）相关性原则

为了反映实际问题，需要所构建的评价指标体系是一个有机的整体，因此要确保指标间有一定的逻辑联系。疲劳是一个复杂的生理过程，其影响因素复杂、众多，各因素之间又相互影响，即各因素之间原本就存在着相互影响、相互制约的关系。

5）简明性原则

评价指标并不是越多越好，在保证重要指标不遗漏的同时，应尽可能地简化指标体系，摒弃不必要的指标，减少评估指标的种类与数量，选取那些主要的指标，便于后期实际操作。

3.6.2 指标释义

1）评价指标的初步选取

通过文献分析得知，疲劳影响因素众多，大多因素之间又相互关联。因此，为了全面、尽可能多地涵盖管制员疲劳影响因素，常借助于人因 SHEL 模型从管制员个人因素、人-人因素、人-环境因素、人-硬件因素、人-软件因素五个大的方面构建管制员疲劳评价指标体系。通常将这五大因素作为指标体系的准则层指标。通过对国内外人体疲劳的文献著作、法律法规等资料搜集并整理，初步确定对应的指标层指标。

指标的选取保证指标尽可能全面地反映实际问题，兼顾定性指标与定量指标、描述性指标和评价性指标。通过对文献的梳理研究，初步筛选出来的指标包括睡眠、昼夜节律、年龄与性别、管制技能、工作负荷、管制经验、工作负荷、身体健康程度、应急与沟通能力、饮食习惯、药物与酒精、安全意识与责任心、自信心、情绪控制力、管制班组、飞行员及其他航空人员、家庭成员、其他社会人员、设备可靠性、设备符合管制员需求、设备冗余、检查与维护、天气条件、工作场所环境、睡眠休息环境、军方管制、航班流量、航路结构、业务培训、班组资源管理、轮班制度、人员配备、薪酬激励、公司文化、现场管理、作业程序。

2）评价指标的确定

通过文献梳理筛选出来的指标比较多，因此，在实地调研的过程中与一线管制员进行访谈，目的是对于管制员疲劳评价的指标进行总结归纳，为建立科学的指标体系提供一定的指导，贴合实际对评价指标进行进一步筛选。

一线管制员普遍认为，建立管制员疲劳评价指标体系的研究有一些实践意义，他们对管制员疲劳评价指标体系能够指导管制员疲劳综合评价持支持、认同意见。对于管制员疲劳评价指标体系，初步确认应该以管制员个人因素、管制员与其他人员因素、管制员与硬件因素、管制员与环境因素、管制员与组织因素五个方面为准则构建指标体系。同时指标中有些指标具有交叉性，有些指标不适合用于疲劳综合评价。比如工作负荷，工作负荷是一个中间型指标，受到多种因素的影响，换句话就是许多因素都或多或少地影响工作负荷。根据管制专家意见筛选出的管制员疲劳致因指标，如表 3.11 所示。

表 3.11　管制员疲劳致因指标释义

疲劳致因	具体指标	具体释义
管制员自身因素	睡眠情况	包括睡眠质量、睡眠时间、睡眠的持续性等
	生物节律	人体生物钟与日常的工作及休息的匹配程度等
	身体健康状况	个人的生理和心理健康状况等
	年龄和性别	年龄及工作年限，特定群体（女性管制员）在某一时段的特殊情况（生理期、怀孕等）
	生活饮食习惯	包括是否偏好空腹执勤，是否存在吸烟、饮酒等习惯
	疾病及药物史	包括某些睡眠障碍类疾病以及服用含麻醉性质的药物史
	家庭及社交状况	包括婚姻状况、老人及小孩数量，以及社交关系状况等

续表

疲劳致因	具体指标	具体释义
设施设备因素	设备可操作性	一切与管制工作相关的设备的操作复杂程度、使用效率等
	设备故障率	一切与管制工作相关的设备发生故障的概率
	人因工程学	人-机界面的友好性等
运行环境因素	空域环境	包括空域流量、空域结构复杂度等
	管制工作室微环境	包括温度、光照强度、电子设备辐射强度、空气情况、噪声情况等
	特殊地理环境	高原、高高原地域环境
组织管理因素	班组资源管理	同班组人员配备情况、人员协作效率等
	疲劳管理培训	单位组织的疲劳培训情况，疲劳预防意识等
	组织文化	包括安全文化、组织内部人员友好度、职业生涯规划情况等
工作负荷因素	工作强度	包括工作时段、不同工作室、工作繁忙程度等，与管制工作相关的知识、语言水平、专业技能和管制经验等
	极端天气	雷暴、大雾、大雪等极端天气情况
	大型活动	包括军事演练、重要集会等国家级大型活动
排班制度因素	轮班模式	管制员工作时间段，如白班、夜班（大夜班、小夜班）等
	连续执勤时间	管制员连续在岗时间
	加班和休假	某些特定时段（法定节假日）轮班情况

3.6.3 建立层次结构模型

1）目标层要素

评价目标是管制员疲劳的影响因素，对导致管制员疲劳的各项因素进行权重的排序，为管制安全提供支持。

目标层要素用 A 表示。

2）准则层要素

准则层是层次结构模型的中间层要素，在本研究中用管制员疲劳的类型来代入。管制员疲劳主要分为心理疲劳和生理疲劳，根据管制员当班具体表现，心理疲劳分为感知疲劳和判断决策疲劳，生理疲劳为动作疲劳，因此将管制疲劳的阶段分为感知觉疲劳、判断决策疲劳、动作疲劳。

（1）感知觉疲劳：感觉指感觉器官对适应刺激的感觉能力。作为一种能力，感受性通常以感觉阈限的大小来度量。知觉是人脑对客观刺激物整体属性的反映，是人对感觉信息的组织和解释的过程。管制员因感知系统信息而出现疲劳并可能出现“错、忘、漏”而影响工作。

（2）判断决策疲劳：管制员因做出大量决策而出现疲劳，可能会降低管制员的分析、认知、判断能力，甚至使管制员丧失情景意识而导致判断决策出错，诱发管制差错。

（3）动作疲劳：管制员因长时间工作，由四肢疲劳和中枢疲劳所致的疲劳。

准则层要素依次用 $B_i(i=1,2,3)$ 表示。

3）方案层要素

本研究的管制员疲劳不安全事件分析的层次结构模型中，方案层要素并非指具体方案，而是指各项管制员疲劳影响因素。本书结合第五章的致因统计分析中得出的实际影响管制疲劳的原因以及第四章的疲劳构成机理分析结果，得出影响管制员疲劳的主要因素有：工作负荷，睡眠情况，组织管理，工作环境，运行条件，执勤排班。

方案层要素依次用 $C_i(i=1,2,3,4,5,6)$ 表示。

3.6.4 层次分析模型

根据评价目标、评价要素以及影响管制员疲劳的因素，采用层次分析法（The Analytic Hierarchy Process）可以建立如图 3.7 所示的管制员疲劳致因层次分析模型。

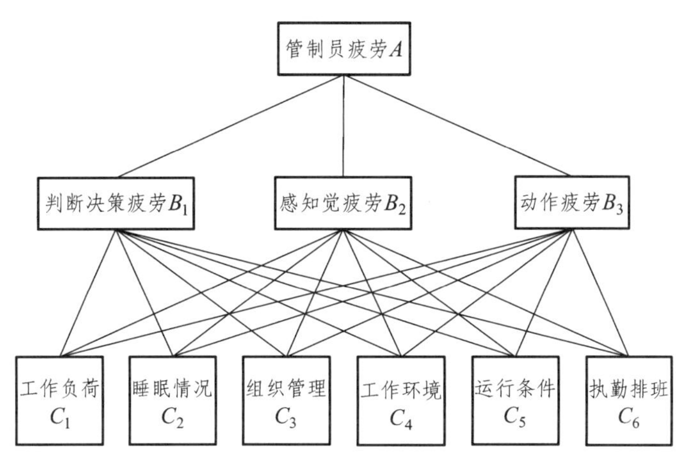

图 3.7 管制员疲劳致因层次分析模型

3.6.5 构造判断矩阵

对同一层次的各项因素关于上一层次中某一准则的决定性，进行两两比较，构建判断矩阵，如表 3.12 所示。

表 3.12 判断矩阵的标度定义

标度	含　义
1	两个要素相比，具有同样重要性
3	两个要素相比，前者比后者稍微重要
5	两个要素相比，前者比后者明显重要
7	两个要素相比，前者比后者强烈重要
9	两个要素相比，前者比后者极端重要
2，4，6，8	上述相邻判断的中间值
1/3，1/5，1/7，1/9	两个要素相比，后者比前者重要性标度

根据管制疲劳的层次分析模型，构建了四个判断矩阵（表 3.13 ~ 表 3.16），其中 A—B 层有 1 个判断矩阵，即 A—B；B—C 层有 3 个判断矩阵，即 B_1—C，B_2—C，B_3—C。其中：

矩阵 A—B：对于 A 而言，B_1，B_2，B_3 的相对重要性的数值表示；

矩阵 B_1—C：对于 B_1 而言，C_1，…，C_6 的相对重要性的数值表示；

矩阵 B_2—C：对于 B_2 而言，C_1，…，C_6 的相对重要性的数值表示；

矩阵 B_3—C：对于 B_3 而言，C_1，…，C_6 的相对重要性的数值表示。

表 3.13 判断矩阵 A—B

A	B_1	B_2	B_3
B_1	1	1/3	2
B_2	3	1	5
B_3	1/2	1/5	1

表 3.14　判断矩阵 B_1—C

B_1	C_1	C_2	C_3	C_4	C_5	C_6
C_1	1	2	3	3	3	1
C_2	1/2	1	5	5	3	1/2
C_3	1/3	1/5	1	3	1/3	1/5
C_4	1/3	1/5	1/3	1	1/5	1/5
C_5	1/3	1/3	3	5	1	1/5
C_6	1	2	5	5	5	1

表 3.15　判断矩阵 B_2—C

B_2	C_1	C_2	C_3	C_4	C_5	C_6
C_1	1	3	3	5	3	3
C_2	1/3	1	2	3	3	1/3
C_3	1/3	1/2	1	3	3	1/3
C_4	1/5	1/3	1/3	1	1/3	1/5
C_5	1/3	1/3	1/3	3	1	1/3
C_6	1/3	3	3	5	3	1

表 3.16　判断矩阵 B_3—C

B_3	C_1	C_2	C_3	C_4	C_5	C_6
C_1	1	3	5	3	3	2
C_2	1/3	1	3	1/3	1/3	1/5
C_3	1/5	1/3	1	1/3	1/5	1/5
C_4	1/3	3	3	1	1/3	1/3
C_5	1/3	3	5	3	1	1
C_6	1/2	5	5	3	1	1

3.6.6　层次单排序

层次单排序是指根据判断矩阵计算，对于上一层某元素，本层次与之有关的各元素的重要性次序的权值，层次单排序的基础是通过判断矩阵计算求得判断矩阵的特征根 $\lambda_{\max}$ 以及特征向量 W_i。对于矩阵 A—B，B_1—C，B_2—C，

B_3—C，可利用一般的线性代数的方法进行计算。但从实用角度来看，一般采用近似方法计算。主要方法有方根法，式（3.5）中 W_i 为式（3.4）规范化得来，W_i 即为特征向量 W 的第 i 个分量。

（1）计算判断矩阵 A—B 中每一行元素的乘积：

$$X_i = \prod_{j=1}^{n} a_{ij}, \quad i = 1,2,3,\cdots,n \tag{3.4}$$

（2）计算 x_i 的 n 次方根：

$$W_i = \sqrt[n]{X_i} \tag{3.5}$$

（3）向量归一化：

对向量 $\overline{W} = [\overline{W_1}, \overline{W_2}, \overline{W_3} \cdots, \overline{W_n}]^{\mathrm{T}}$ 做归一化处理，即

$$W_i = \frac{\overline{W_i}}{\sum_{j=1}^{n} \overline{W_j}} \tag{3.6}$$

则 $W = [W_1, W_2, W_3, \cdots, W_n]^{\mathrm{T}}$ 为所求的特征向量。

（4）计算判断矩阵的最大特征根 $\lambda_{\max}$：

$$\lambda_{\max} = \sum_{i=1}^{n} \frac{\sum_{j=1}^{n} a_{ij} W_j}{n W_i} \tag{3.7}$$

式中：$a_{ij}W_j = \begin{bmatrix} a_{11} & a_{12} & \cdots & a_{1n} \\ a_{21} & a_{22} & \cdots & a_{2n} \\ \vdots & \vdots & & \vdots \\ a_{n1} & a_{n1} & \cdots & a_{nn} \end{bmatrix} \begin{bmatrix} W_1 \\ W_2 \\ \vdots \\ W_n \end{bmatrix}$，$(a_{ij}W_j) = a_{i1}W_1 + a_{i2}W_2 + a_{i3}W_3 + \cdots + a_{in}W_n$

基于以上算法，以表 3.13 的 A—B 层判断矩阵为例，可计算其他矩阵的特征向量（表 3.17 ~ 表 3.20）。

表 3.17　矩阵 A—B 和权值

A	B_1	B_2	B_3	$\overline{W_i}$	W_i^0	$\lambda_{\max}$
B_1	1	1/3	2	0.874	0.229	3.003
B_2	3	1	5	2.466	0.648	
B_3	1/2	1/5	1	0.464	0.122	

表 3.18 矩阵 B_1—C 和权值

B_1	C_1	C_2	C_3	C_4	C_5	C_6	$\overline{W_i}$	W_i^1	λ_{max}
C_1	1	2	3	3	3	1	1.944	0.252	6.521
C_2	1/2	1	5	5	3	1/2	1.630	0.211	
C_3	1/3	1/5	1	3	1/3	1/5	0.487	0.063	
C_4	1/3	1/5	1/3	1	1/5	1/5	0.310	0.040	
C_5	1/3	1/3	3	5	1	1/5	0.833	0.108	
C_6	1	2	5	5	5	1	2.510	0.325	

表 3.19 矩阵 B_2—C 和权值

B_2	C_1	C_2	C_3	C_4	C_5	C_6	$\overline{W_i}$	W_i^2	λ_{max}
C_1	1	3	3	5	3	3	2.740	0.361	6.459
C_2	1/3	1	2	3	3	1/3	1.122	0.149	
C_3	1/3	1/2	1	3	3	1/3	0.891	0.118	
C_4	1/5	1/3	1/3	1	1/3	1/5	0.338	0.045	
C_5	1/3	1/3	1/3	3	1	1/3	0.577	0.077	
C_6	1/3	3	3	5	3	1	1.886	0.250	

表 3.20 矩阵 B_3—C 和权值

B_3	C_1	C_2	C_3	C_4	C_5	C_6	$\overline{W_i}$	W_i^3	λ_{max}
C_1	1	3	5	3	3	2	2.542	0.334	6.340
C_2	1/3	1	3	1/3	1/3	1/5	0.530	0.070	
C_3	1/5	1/3	1	1/3	1/5	1/5	0.310	0.041	
C_4	1/3	3	3	1	1/3	1/3	0.833	0.109	
C_5	1/3	3	5	3	1	1	1.570	0.206	
C_6	1/2	5	5	3	1	1	1.830	0.240	

由表 3.17 ~ 表 3.20，分别求得的特征向量为

$$W_1 = (0.230, 0.648, 0.122)$$

$$W_2 = (0.252, 0.211, 0.063, 0.040, 0.108, 0.325)$$

$$W_3 = (0.361, 0.149, 0.118, 0.045, 0.077, 0.250)$$

$$W_4 = (0.334, 0.070, 0.041, 0.109, 0.206, 0.240)$$

3.6.7 一致性检验

1）判断矩阵的一致性检测步骤

（1）求出判断矩阵的 λ_{max}。

（2）λ_{max} 用来检验 B 的一致性，判断矩阵中任一行（列）均为任意指定行/（列）的正倍数。定义一致性指标：

$$C_r = \frac{C_i}{R_i} \tag{3.8}$$

如果 B 完全一致，则有 $C_i = 0$，即完全一致时，判断矩阵有最大特征值 n，其余的特征值全是 0，满足 $\lambda_{max} = n$；一般情况下，$\lambda_{max} > n$。C_i 越小，表示一致性越好。

（3）判断 B 具有一致性，是将 C_i 与平均随机一致性指标 R_i 作比较。R_i 的值如表 3.21 所示：

表 3.21　各阶矩阵的 R_i 值

矩阵阶数	1	2	3	5	6	7	8	9
R_i	0.00	0.00	0.58	1.12	1.24	1.32	1.41	1.45

当判断矩阵的阶数大于 2 时，记

$$C_i = \frac{\lambda_{max} - n}{n - 1} \tag{3.9}$$

为判断矩阵的随机一致性比例，如果 $C_r < 0.1$，就认为矩阵具有满意的一致性。

2）矩阵 A—B 的一致性检测

$$C_r = \frac{C_i}{R_i} = 0.003\,6，\quad \frac{0.001\,5}{0.58} \approx 0.002\,6$$

$C_r < 0.1$，因此矩阵具有满意的一致性。

3）矩阵 B_1—C 的一致性检测

$$C_r = \frac{C_i}{R_i} = \frac{0.103}{1.24} \approx 0.082\,8，\quad \frac{0.104\,2}{1.24} \approx 0.084\,0$$

$C_r < 0.1$，因此矩阵具有满意的一致性。

4）矩阵 B_2—C 的一致性检测

$$C_r = \frac{C_i}{R_i} = \frac{0.090}{1.24} \approx 0.072\,8，\quad \frac{0.091\,8}{1.24} \approx 0.074\,0$$

$C_r < 0.1$，因此矩阵具有满意的一致性。

5）矩阵 B_3—C 的一致性检测

$$C_r = \frac{C_i}{R_i} = \frac{0.090}{1.24} \approx 0.060\,3，\quad \frac{0.068}{1.24} \approx 0.054\,8$$

$C_r < 0.1$，因此矩阵具有满意的一致性。

3.6.8 层次总排序

在同一层次中所有层次单排序的结果的基础上，可以计算针对上一层次，本层次所有影响管制员疲劳因素的权值，进行层次总排序，影响管制员疲劳因素层次总排序计算结果，如表 3.22 所示。

表 3.22 管制员疲劳影响因素层次总排序

	B_1	B_2	B_3	层次 C 总排序权值(C_j)	致因排序
	0.229	0.648	0.122		
C_1	0.252	0.361	0.334	0.333	1
C_2	0.211	0.149	0.070	0.154	3
C_3	0.063	0.118	0.041	0.096	5
C_4	0.040	0.045	0.109	0.068	6
C_5	0.108	0.077	0.206	0.100	4
C_6	0.325	0.250	0.240	0.250	2

表中 C_j 的计算公式为

$$C_j = \sum_{i=1}^{3} W_i C_j^i \tag{3.10}$$

3.6.9 结果分析

根据管制员疲劳影响因素 AHP 模型计算结果，可以知道管制疲劳类型中，判断决策疲劳（B_1）、感知觉疲劳（B_2）、动作疲劳（B_3）三者对管制疲劳的相对重要性排序（如表 3.23）依次为：判断决策疲劳（0.648），感知觉疲劳（0.230），动作疲劳（0.122）。

表 3.23 管制员疲劳影响因素的相对重要性排序

	判断决策疲劳（B_1）	感知觉疲劳（B_2）	动作疲劳（B_3）	层次 C 总排序权值（C_j）	致因排序
	0.648	0.229	0.122		
工作负荷（C_1）	0.361	0.252	0.334	0.333	1
睡眠情况（C_2）	0.149	0.211	0.070	0.154	3
组织管理（C_3）	0.118	0.063	0.041	0.096	5
工作环境（C_4）	0.045	0.040	0.109	0.068	6
运行条件（C_5）	0.077	0.108	0.206	0.100	4
执勤排班（C_6）	0.250	0.325	0.240	0.250	2

根据管制员疲劳致因 AHP 模型的计算结果可得，在管制疲劳类型中，判断决策疲劳所占的权重最大，为 0.648，即管制员的疲劳大多属于判断决策疲劳，其次为感知觉疲劳和动作决策疲劳。而判断决策疲劳和感知觉疲劳属于脑力疲劳，为管制员疲劳的主要类型，这也与管制员经常发布指令判断决策航空器运行状态有关。所以，减轻脑力疲劳是缓解管制员疲劳的重要举措。

综上所述，管制工作负荷是导致管制疲劳的关键性因素，同时执勤排班和睡眠情况也是影响管制员疲劳的重要因素，而运行条件、组织管理、工作环境是管制员疲劳致因的一般因素。所以，空管运行单位需遵循人体客观规律实际、因地制宜地制定管制员排班表，保障管制员充足睡眠，合理安排管制员上岗执勤，降低管制员工作负荷，同时也须定期检查雷达相关设备、优化空域结构，控制管制员疲劳程度，从而尽可能降低管制员疲劳所导致的风险，保障航空器的安全运行。

3.7 小　结

本章首先对人因 SHEL 模型进行了介绍，其次采用 SHEL 模型从人界面、人-人界面、人-软件界面、人-硬件界面、人-环境界面五个方面对管制员疲劳影响因素进行了系统分析，构建了管制员疲劳致因因素关系图，最后根据实际情况构建了管制员疲劳控制策略并对所建策略进行了系统讲解。

从以上分析可以看出，管制员疲劳的致因是多方面的，并且是相互作用的。根据系统的观点可以将其归纳成四个板块，即管制员自身的因素（人）、设备的因素（机）、环境的因素（环）、组织管理的因素（管）这四个方面对管制员疲劳和空管系统安全有着不同程度的影响，因此要想从根本上减少和控制管制中因疲劳导致的不安全事件，必须从系统组成的四大部分入手，对空管系统进行完善，只有这样才能真正实现提高空管工作安全性的目标。

本章还进行了基于 AHP 法的疲劳致因案例分析。首先对疲劳综合评价指标进行了阐述，简要介绍了其具体应用步骤。其次介绍了管制员疲劳评价指标体系的构建过程：通过文献分析，尽可能全面地选取疲劳相关指标；通过访谈法剔除一些指标；通过问卷调查获取相关数据；通过数据分析与处理构建管制员评价指标体系。最后构建管制员疲劳综合评价数学模型：运用层次分析法确定各指标的初步权重，对相应权重进行排序，得出相应结论。

4 管制员疲劳状态测评

管制员疲劳测评的方法主要分为主观测评法和客观测评法两种。主观测评法以主观测量工具来测量管制员的主观疲劳感受，通过对照已有疲劳标准来判定其疲劳程度，主要有调查问卷或疲劳量表的形式；客观测评通过实验仪器直接或间接测量管制员的生理、生化、行为绩效等指标，从而反映其疲劳状态。

4.1 主观测评法

由于疲劳是一种主观感觉，并且最早对疲劳的研究几乎都是主观的，主观意愿可以直接反映作业者的需求及其一些问题，所以通过调查作业者的主观意愿，可以从中判断他们是否处于疲劳状态。主观测量方法主要是应用各种主观量表和调查表来记录被测试者的主观心理感受,从而确定疲劳的程度。

对脑力疲劳的主观监测主要是通过问卷调查的形式来进行的，这种方式能够提供关于脑力疲劳的多种信息，如脑力疲劳出现的时间、造成疲劳的原因和主观上的不舒适感觉等。主观监测法不仅可以应用于脑力疲劳的监测，还可以用于情绪情感等多种心理表现的监测。关于脑力疲劳的主观监测方法具有操作简单、直接、费用低廉、对任务完成无干扰、易被接受等优点，它仍是一种被广为采用的监测脑力疲劳的方法。很多研究表明，主观监测法是有一定参考价值的。但主观监测法无论从理论上还是从实际操作上，都存在一定的缺陷。从理论上讲，当人处于脑力疲劳状态时，人对自身状态的自我监控能力是否仍然能够保持完整，是值得进一步探讨的。在实际操作过程中，存在评分主观、评分标准不易统一、受记忆及其他个人能力的影响，甚至可能会出现被试者故意隐瞒自己真实感受，随意涂鸦，迎合主试者意图等现象。主观监测法无法避免其固有的效度和信度较低的缺点。由于作业者个体之间对主观的疲劳感受差别很大，问卷法的结果往往不够理想。

疲劳等级的划分是疲劳状态识别研究的基础和关键，而现有的疲劳分级主要是利用时间分段法和主观量表评定的方法，均涉及人为主观参量因素，同时未能考虑到疲劳状态的波动性和人体疲劳自适应性。因此，本书以管制员判断决策疲劳为基础，以管制员主观疲劳程度、管制员工作负荷度、管制员警觉行为能力指数（反应时间）三个参数为疲劳等级划分依据，采用 BP 神经网络模型和非线性参数估计的方法，构建一种基于疲劳状态自动量化分级的管制员疲劳识别方法。

4.1.1 主观疲劳程度

主观疲劳程度是通过疲劳问卷得到初始得分值，即将各个条目的得分相加后所得的结果为初始得分。得分越高，表明疲劳越严重。根据 Lee 的疲劳形象化模拟量表（Visual Analogue Scale of Fatigue，VAS-F）中模拟线测定每个条目得分情况的描述，以及各位专家的意见，本书采取此方式对主观疲劳等级进行划分。对于单位整体管制员的疲劳感受，本书则采用平均分方式对主观疲劳等级进行划分。主观疲劳感受评定标准为：0 ~ 21 分为无疲劳或低度疲劳，22 ~ 42 分为中度疲劳，43 ~ 63 分为高度疲劳，63 分以上为重度疲劳。

4.1.2 疲劳量表监测

对疲劳程度的评价，用工程术语描述诸如睡眠状态、主观疲劳感、情感、躯体症状等因素，并将这些进行量化，从而产生量表。评定量表是以自然观察法为基础，用来量化观察结果的一种测量工具，可视为自然观察法的延伸。主观评定量表通过他人对受评者根据其观察逐项判断，虽然评定者的评价是主观的，但评定依据来源是客观的，具有一定可靠性；自陈量表通过受评者自己按照量表内容进行判断，常常带有某些偏向。

4.1.2.1 皮尔逊疲劳量表

皮尔逊疲劳量表是一种有代表性的主观调查表，分为 13 级：精力极度充沛、精力特别充沛、精力非常充沛、精力很充沛、精力比较充沛、精力有点充沛、有点疲劳、相当疲劳、很疲劳、非常疲劳、特别疲劳、极度疲劳、快要倒下。

4.1.2.2 NASA-TLX 量表

该量表是由美国航空航天局开发的，是一个多维脑力负荷评价量表。它涉及六个负荷因素（维度），即脑力需求（Mental Demand）、体力需求（Physical Demand）、时间需求（Temporal Demand）、业绩水平（Performance）、努力程度（Effort）和受挫程度（Frustration），每一维度均由一条 20 等分的直线表示，直线分别以低、高字样标示。第一步，调查对象认真阅读各维度的详细说明后，根据自己所完成任务的实际情况，分别在代表 6 个维度的直线上相应的位置标记，采用 10 分制。第二步，采用两两比较的方法，将 6 个维度两两配对，共组成 15 个对子，要求调查对象选出每个对子中与脑力负荷关系更为密切的维度，根据每一维度被选中的次数（0 ~ 5）确定该维度对总脑力负荷的权重。总脑力负荷值为六个维度的加权平均值，分值越大，脑力负荷越大。TLX 的记分方法为：六个条目的权重分别为 0、1/15、2/15、3/15、4/15、5/15，即为原始的 NASA-TLX 评价方法，有一个条目的权重为 0；为避免有一个条目的权重为 0，经变化的 TLX1 的记分方法为：六个条目的权重分别为 1/21、2/21、3/21、4/21、5/21 和 6/21。

4.1.2.3 疲劳评定量表

疲劳评定量表（Fatigue Assessment Instrument，FAI）是由 Josoph E.等人在最初研制的 9 条目时疲劳严重程度量表的基础上，研究并形成了 29 条目的疲劳评定量表，用于评定以疲劳为主要表现的疾病患者及健康者的疲劳特征、程度等，每个条目按照 1 ~ 7 级评分。它包括 4 个因子：因子 1 为疲劳严重程度量表，用于定量地测定疲劳的程度；因子 2 为疲劳的环境特异性量表，用于测定疲劳对特异性环境（寒、热、精神紧张等）的敏感性，评价该疲劳是否具有情景的特异性；因子 3 为疲劳的结果量表，用于测定疲劳可能导致的心理后果，如缺乏耐心、欲望下降，不能集中注意力等；因子 4 为疲劳对休息、睡眠的反应量表，用于测定疲劳是否对休息或睡眠有反应。

4.1.2.4 睡眠记录法

通过记录分析管制员的睡眠时间以及执勤排班情况，判定其是否拥有足够的睡眠时间，间接评定管制员的疲劳状态。

4.1.2.5 体征判定法

通过观察管制员的面部表情，肢体对外界刺激的反应情况来判断管制员的疲劳状态。

4.2 客观测评法

4.2.1 生化指标检测法

生理指标包括脑电波、心电波、眼电图等，生化指标包括体液（唾液、尿液、血液等）、皮肤电阻率等。通过测量这些生理生化指标参数，可以直接反映管制员的疲劳状态。

4.2.1.1 血 液

运动时人体产生的疲劳是一种综合性的生理过程。人的疲劳主要反映在人体的三大系统，一是神经系统的疲劳；二是心血管系统的疲劳；三是骨骼肌肉的疲劳。由于运动量不同，每个人情况不一样，产生的疲劳也有不同程度之分。运动后可以观察运动员机体反应，若运动员面色苍白、眼神无光、反应迟钝、情绪低落，说明运动员的疲劳较重。使用生化指标对运动员的疲劳状态进行评估时，疲劳的生化指标变化如表 4.1 所示。

表 4.1 疲劳的生化指标变化

生化指标	疲劳状态	
	轻度疲劳	过度疲劳
血乳酸	>2 m mol/L	>12 m mol/L
血尿素	轻度升高	>8 m mol/L
血　氨	轻度升高	>110 u mol/L
尿胆原	4 ~ 6 mg%	持续为 4 ~ 6 mg%

4.2.1.2 汗 液

日本东京大学研制出一种疲劳测试器，可以戴在驾驶员手腕上，测量驾驶员开车时汗液中的乳酸、氨和酒精含量，然后通过装置内部的无线电发射器传送到研究中心。研究中心经过信息处理，判断出司机的疲劳程度，决定是否向司机发出告警。

4.2.1.3 唾　液

人体疲劳以后，体内的体液环境会失去平衡，如脱水、血糖水平降低、电解质丧失以及体温升高等一系列生化变化。唾液是人体的一种体液，人在感到疲劳时，血液中的特殊激素糖皮质激素的数量就会增加，唾液里就会分泌出阿尔法淀粉酶。已经有研究者研制出，通过测量阿尔法淀粉酶的数量来反映人体疲劳程度的仪器。同时，使用这种仪器不会给接受测试的人员增添心理负担。

4.2.2 工作负荷测量法

工作负荷测量法是用于评定管制员脑力负荷程度的一种方法，该方法可以测量认知知觉和运动反应等，间接反映出管制员的疲劳状态。

4.2.3 行为表现测定法

行为表现主要指管制员的警觉性、作业绩效等，通过测定管制员自刺激呈现到做出反应之间的时间间隔，再通过公式转化为管制员的警觉度，根据警觉度的大小判定其疲劳程度。

4.2.4 面部特征识别法

众所周知，机体面部特征有很多，比如头部姿势、面部表情、凝视方向、眼部和嘴部特征等。本书分别介绍基于面部特征的疲劳监测。

4.2.4.1 头部姿态

利用头部姿态，即头的位置，监测疲劳，这种方法很简单也很实用。头部位置的获取直接关系到后续的计算与检测。它的精确度影响了系统的性能，良好的头部跟踪效果可以大大减小人脸识别步骤中的计算量，并为后续研究提供条件。

1995 年 ASCI（Advanced Safety Concepts Inc.）公司设计出一种头部位

置传感器（Head Position Sensor，HPS），利用一个相邻的电极电容传感器阵列，安装在司机座位上面，每个传感器都能输出司机头部距离传感器的位置，利用三角函数可以实时计算出头部在三维空间中的位置，同时利用各个时间段的头部位置的变化特征，表现出司机处于清醒还是瞌睡状态。在此基础上，Philip 和 Roger 设计了一个测量点头动作的产品，命名为点头检测系统(Micro Nod Detect System，MINDS)，但是由于资金限制，没有深入研究下去。他们研究表明，微小的点头动作（Micro-Nods）和瞌睡（Micro-Sleep）有非常好的相关性。

这种监测方法的特点是：实时操作、可以预测作业者打瞌睡、容易安装、测量头部位置精确、能用来评价使用者不同的精神状态、快速确认被试是否注意力集中、是否在岗。其不足之处是被检测者不能大幅度移动，否则就会导致检测误差，很容易导致测量失败。由于点头的动作和瞌睡的相关系数仍然没有找到合适的关系，因此准确率不是很高。目前这种疲劳监测方法发展得比较缓慢。

4.2.4.2 面部表情

面部表情是人类表达情感最重要的方法和途径。在不同的疲劳状况下人的面部会呈现特有的表情，如肌肉僵硬、面无表情等，但在疲劳状态的监测中这方面的研究还很少。把面部表情作为疲劳状态的一个特征，有助于对疲劳的分析理解。

统计表明，长时间疲劳作业，造成了作业者的注意力不集中，甚至打瞌睡等现象。在出现这些现象的同时，作业者的面部表情也将发生明显变化。

显而易见，面部状态是基于面部特征疲劳监测的基础工作，面部在疲劳与非疲劳情况下的状态不同。一旦确定了面部状态，那么可以直接观察到的就是面部表情。但评价人脸的面部表情是一个困难的工作，也是模式识别研究领域的研究热点之一。一般认为，眼部区域和嘴部区域是组成表情最重要的区域，考察这些区域的时空变化可以得到面部特征变化的疲劳特征。对于疲劳检测的应用来说，眼部区域和嘴部区域也包含了足够的信息来识别疲劳对应的面部表情。由于评价面部表情算法庞大，步骤复杂，运算量大，因此，以下介绍只使用了人脸表情的一部分，即眼部和嘴部区域的特征来进行疲劳监测。

一般而言，在对作业者的面部特征进行检测时，步骤大致可以分为：首先，应当通过视频文件或者摄像头来捕捉图像，图像预处理的好坏直接影响视频图像特征提取的效果和计算量；其次，对人脸进行检测定位；最后，才能对所要研究的面部特征进行检测，从而判断出疲劳的状态及程度。

面部状态是基于面部特征疲劳监测的基础工作。只有先从周围环境中识别出人脸，才能进一步从面部的其他特征来综合监测疲劳状态。下面先概括性地介绍人脸识别的步骤，然后介绍一些具体的技术方法。

4.2.4.3 脸部特征

数据库里预先存放已知的人脸图像或相关特征值，识别的目的就是将待识别的人脸图像或特征信息与数据库里的图像或特征信息进行匹配，根据匹配的结果识别人脸身份。人脸识别主要解决两大任务：一是人脸辨认，即人脸身份识别，确定输入图像是库中的哪个人，解决是谁的问题，是一对多的匹配过程；二是人脸身份证实，即验证某个人的身份是否属实，解决是不是某人的问题，是一对一的匹配过程。根据输入图像的性质，将人脸识别分为静态图像人脸识别和动态图像序列人脸识别。前者主要用静态图像，如从证件照片获得的图像进行识别;后者则用摄像机摄取的时间图像序列进行识别。现有人脸识别技术基本上可以归结为三类，即：基于几何特征的方法、基于模板的方法和基于模型的方法。

日常生活中，我们主要根据脸来识别一个人。进行交流和交谈时，我们往往要关注对方的脸，尤其是眼睛，人脸的表情也是进行交流的一个重要部分。所以，人脸在人与人的交流过程中起着极其重要的作用。这就决定了，现代社会中使用计算机自动进行人脸的定位和识别工作有着重要的意义，在许多领域中都有广泛的应用，如身份鉴别、保安系统、人机交互等。研究人脸的定位和识别不仅仅出于上述实用价值的考虑，而且对人们理解人脑的工作方式、研究人工智能和数字图像处理也具有重要的意义。虽然人脸识别研究存在着很多难题，比如图像数据的高度随机性、人脸姿态对识别结果的影响、图像数据的容量问题等,但是依然有很多研究人员在从事这方面的工作，也取得了很多的进展。

4.2.4.4 眼部特征

眼睛是人脸非常重要的组成部分,眼睛状态的检测算法具有广泛的应用。眼睛是监测疲劳的最明显的特征。人一旦处于疲劳的状态下，眼睛的闭合程度肯定比正常状态下的闭合程度大。例如，对作业者不断进行眼睛状态的检测，看他是醒着的还是昏昏欲睡的，可以防止意外的发生。在人脸识别的过程中，可以通过眼睛状态的检测，判断所取的人脸是否为活体眼睛状态，也能为表情识别和人机接口提供丰富的信息。因此，眼睛状态检测是非常有意义的。眼睛的状态是由内外眼角、上下眼睑和虹膜等特征决定的。目前已有许多从复杂背景中检测人脸、眼睛的卓有成效的算法。眼睛特征点的检测方法可分为两类，即变形模板的方法和 Hough 变换的方法。Yuille 首先提出用变形模板的方法等找眼睛特征。Deng 等使用改进的变形模板方法寻找眼睛特征。变形模板的问题在于它的计算复杂度高，不宜用于视频图像中眼睛的跟踪。Chow 等首先使用 Hough 变换，然后使用变形模板方法抽取眼睛特征。进一步的问题是如何判断眼睛的睁闭状态。针对这个问题，Tian 等提出了 3 种方法：其一，用几何特征信息和神经网络的方法检测 AU5、AU6、AU7 这 3 种眼睛状态；其二，用 Gabor 小波和神经网络的方法检测 AU41、AU42、AU43 这 3 种眼睛状态；其三，用边缘和半圈虹膜掩模的方法检测开、闭两种眼睛状态。

研究中使用过的疲劳监测参数包括 PERCLOS、平均眨眼频率、持续闭眼时间、持续睁眼时间等，其中 PERCLOS 值是公认的疲劳判定指标。PERCLOS（Percentage of Eyelid Closure Over the Pupil Over Time），是指眼睛闭合时间占某一特定时间的百分率。最早研究 PERCLOS 的是 Walt Wierwille，他是于 20 世纪 70 年代在弗吉尼亚大学开始研究眼睛光学变量与疲劳的关系，其研究表明，疲劳与缺乏睡眠、瞳孔直径、注目凝视、眼球快速转动（Saccades）、眉眼扫视、眨眼睛以及其他因素有关，并且发现 PERCLOS 是最具潜力的疲劳检测方法之一，其数据能够真正代表疲劳，是对疲劳进行评估测定的最好方法之一。

PERCLOS 方法通常有 3 种标准：

P70：以眼睑遮住瞳孔的面积至少超过 70%计为眼睛闭合，统计闭合时间的百分比作为标准。

P80：以眼睑遮住瞳孔的面积至少超过 80%计为眼睛闭合，统计闭合时间的百分比作为标准。

EM：以眼睑遮住瞳孔的面积至少超过一半计为眼睛闭合，统计闭合时间的百分比作为标准。

实现 PERCLOS 方法检测疲劳程度的思路是：用摄像头抓取作业者的面部图像，通过图像处理方法获取眼睛部位的图像，经过图像分析和模式识别方法，判断眼睛是否处于闭合状态。定义眼睛瞳孔开度大于 20%是睁开，而瞳孔开度等于或小于 20%则为闭合，测出一定时间内的眼睛开合比例，获取 PERCLOS 值，判断出作业者的疲劳状态。

如图 4.1 所示，只要测出 $T_1 \sim T_4$ 的值，就能计算出 PERCLOS 的值 f。

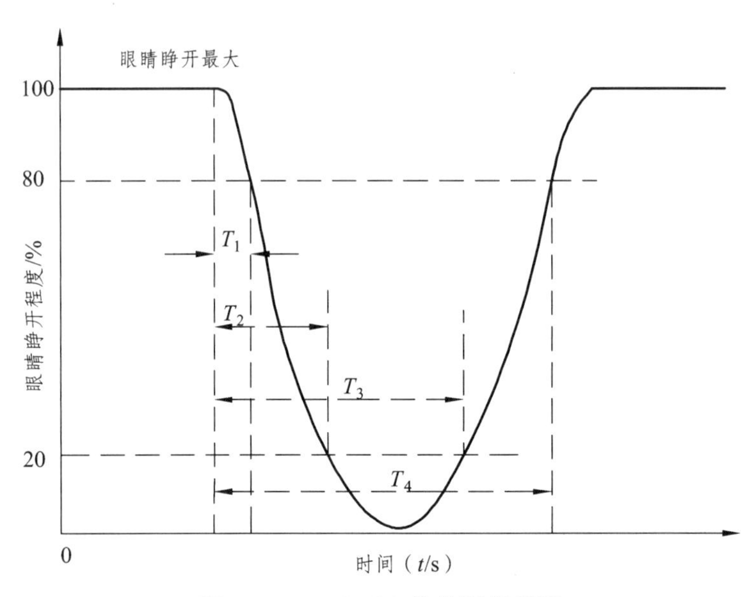

图 4.1　PERCLOS 值的测量原理

$$f = \frac{T_3 - T_2}{T_4 - T_1} \times 100\% \tag{4.1}$$

式中：f 为眼睛闭合时间占某一特定时间的百分率，即 PERCLOS 值；T_1 是眼睛最大睁开到闭合 80%瞳孔开度所用的时间；T_2 是眼睛最大睁开到闭合 20%瞳孔开度所用的时间；T_3 是眼睛最大睁开到睁开 20%瞳孔开度所用的时间；T_4 是眼睛最大闭合到睁开 80%瞳孔开度所用的时间。

当然，计算 PERCLOS 也可以通过以下比较简便的方法得出：

$$PERCLOS = \frac{\text{最近30 s内的闭眼帧数}}{\text{最近30 s内的总帧数}} \tag{4.2}$$

PERCLOS 值越大，则作业者的疲劳状态就越严重。

应用信息融合技术可以对作业者的状态进行判断。虽然这种方法比较精确，但是要计算的数值比较多。下面我们将介绍一种更加简单的算法：

在视频图像中，如果眼睛的睁开程度经过 PCA 检测连续属于闭合状态的帧数 m 就被称作眨眼状态。

根据对多个模拟的眨眼视频的经验分析，在实验中取 $m=13$，即眼睛连续处于闭合状态的帧数大于 m 帧时就说明一次眨眼活动产生。

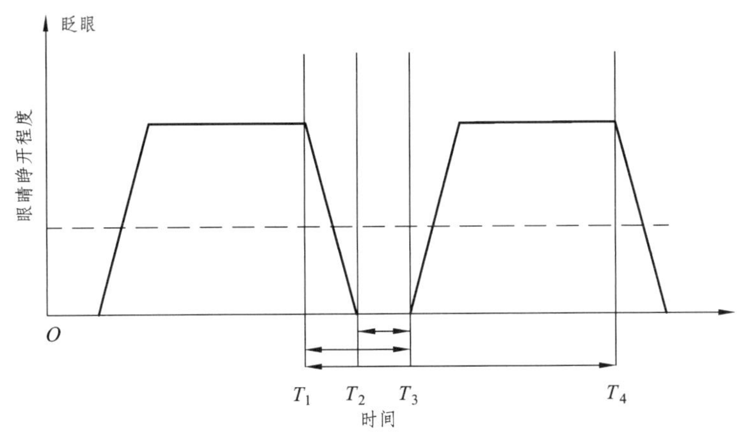

图 4.2　正常状态的眼睛睁开程度曲线

根据图 4.2 的理想情况下的眼睛睁开程度曲线，眼睛在眨眼过程中从开始闭合状态到睁开状态就是眨眼持续时间，即 $T_{\text{Blink}}=T_3-T_1$。但在实际应用中，为了便于检测和统计，其公式表示为

$$T_{\text{Blink}}=T_3-T_2 \tag{4.3}$$

式中：T_{Blink} 即眼睛连续处于闭合状态的时间长度。

在实际应用中，我们用眼睛的三种状态（全睁开、半闭、闭合）来模拟真实的眨眼情况。用眨眼过程中持续的眼睛闭合状态图像帧的数目来计算时间间隔（图 4.3），就是眨眼持续时间。眨眼持续时间越长，说明疲劳程度越高。

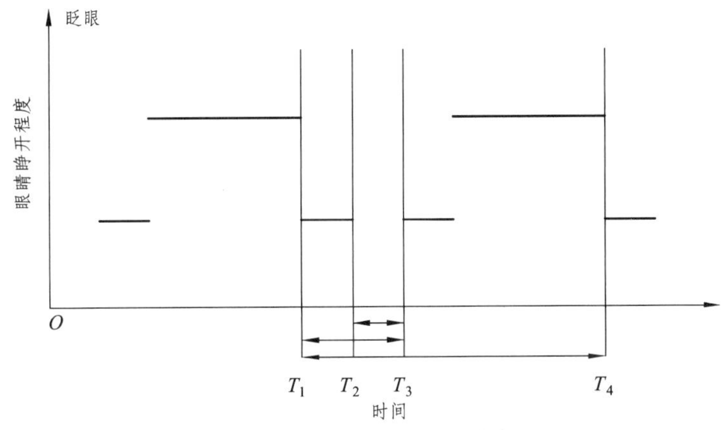

图 4.3　模拟的眼睛睁开状态图

图 4.3 可以得出，眨眼周期就是两次最近发生的眨眼时间间隔。其公式表示为

$$T = T_4 - T_1 \tag{4.4}$$

眨眼频率就是：

$$f = 1/(T_4 - T_1) \tag{4.5}$$

眨眼频率 f 越高，作业者疲劳程度越低；眨眼频率越低，作业者疲劳程度越高。在实际应用中，我们用最近两次眨眼之间的帧数来计算时间间隔。

眨眼周期和眨眼频率都能在一定程度上很好地反映作业者的疲劳程度，但实际应用中，PCA 判断眼部和嘴部状态是存在一定误差的。所以下面特别提出了作业者疲劳度 D 的公式：

$$D = (T_3' - T_2')/(T_3 - T_2) \tag{4.6}$$

$T_3' - T_2'$ 是一次眼睛闭合所花的时间，$T_3 - T_2$ 是作业者正常情况下所用的标准时间。D 值越大，作业者越是疲劳。

由上述可知，通过眼睛的状态来判断疲劳的方法有很多种，但是，由于眼睛周围有眉毛、鼻子的干扰，加之上眼睛在不同的光照环境下的状态也不一样等这些干扰因素，所以，为了更加精确地判断疲劳，我们可以结合其他部位的监测来进行测定。

4.2.4.5 嘴部特征

疲劳时面部和身体会呈现多种视觉特征，眼睛的状态可以很好地反映作业者是否疲劳，因此多数疲劳的研究基于眼部的特征。但眼部特征并不是唯一可以反映作业者是否疲劳的信息，打哈欠也是疲劳的一个显著特征。一些研究者表明，打哈欠时，嘴部会张开很大，嘴部的几何特征变化明显，因此多数打哈欠的研究基于嘴部的几何特征。

通过对嘴部特征的检测来判定疲劳的方法有很多，例如 Wang 等用嘴部的高度和宽度的比值表示嘴巴张开的程度；嘴部张开的程度连续 20 帧超过 0.5，判定为打哈欠。Benoit 等用频率域的方法估计嘴部或眼睛的开闭，探测相关的运动，如眨眼或打哈欠；器官在张开时能量较高，基于图像经过 retina

滤波后的总能量估计开闭状态。[①]杨英等通过提取嘴部和眼部的几何特征分析了作业者的疲劳，提取嘴部区域的最大宽度和高度、上下嘴唇之间的高度组成特征向量，利用神经网络识别作业者嘴部的 3 种不同状态（不说话时的嘴闭合、说话时的普通张嘴、打哈欠时的张大嘴）。[②]李学俊等用相邻帧的差图像定位人脸，利用积分投影定位 2 个鼻孔的中点，计算鼻孔中点和下巴的垂直距离，如果距离大于设定的阈值判定作业者打哈欠。[③]

范晓等提出一种通过摄像头定位作业者的嘴部，利用嘴角的纹理特征检测打哈欠的方法。[④]他们提出了一种基于重心模版匹配检测人脸，灰度投影定位左右嘴角，用 Gabor 小波提取嘴角的纹理特征，采用 LDA 分类特征向量识别打哈欠的方法。研究中使用的特征点左右嘴角容易定位，提取的纹理特征对姿态和个体具有一定的鲁棒性。试验结果表明，Gabor 小波特征比几何特征更有利于打哈欠的判别，识别率可以提高 25%左右。试验结果表明，该方法符合实时打哈欠分析的需要；Gabor 小波特征比几何特征更适合描述打哈欠时嘴部的变化；算法的平均识别率为 91.97%，比嘴部宽高比的几何特征有较大提高。

王荣本等提取嘴部的几何特征（嘴部的最大高度、最大宽度、上下嘴唇的距离）组成特征向量，输入 BP 神经网络，比较准确地确定了嘴部状态（闭口、中等开口、张大口），在多帧中通过阈值确定作业者的状态（打哈欠、正常、注意力分散）。[⑤]以下是他们研究的主要内容及方法：

在作业者嘴部定位和跟踪方面，嘴唇的主要颜色特征是唇色相对肤色颜色较红，而且归一化 RGB 颜色向量对光照和人脸运动和旋转具有不变性，利用 Fisher 线性变换得到肤色和唇色 RGB 颜色向量的最佳投影方向 W^*。将肤色和唇色颜色向量投影到该方向上后，肤色和唇色能够很好地区分开。采用该方法不仅使唇色和肤色能够区分开而且嘴唇轮廓有较明显的边界，能提

① FACON B, GENTON B J, SHYKOFF J, et al. A general eco-evolutionary framework for understanding bioinvasions[J]. Trends in Ecology & Evolution, 2006, 21（3）: 0-135.

② 杨英，盛敬，杨佳，等. 基于神经网络的驾驶员觉醒水平双目标监测法[J]. 东北大学学报（自然科学版），2007，28（3）.

③ 李学俊. 一种新的人脸分割算法[J]. 计算机科学，2002，29（z1）: 96-98.

④ 范晓，尹宝才，孙艳丰. 基于嘴部 Gabor 小波特征和线性判别分析的疲劳检测[J]. 北京工业大学学报，2009（3）: 127-131，150.

⑤ 金立生，王荣本，储江伟，等. 视觉导航自动车辆用 BP 神经网络数字识别方法的研究[J]. 计算机工程与应用，2004，40（14）: 18-21.

高嘴唇检测、定位的准确性。在嘴唇唇色分割的基础上，他们利用连通成分标示算法和嘴部区域几何约束进行作业者嘴部定位，利用卡尔曼滤波跟踪算法和假设约束对作业者嘴部进行跟踪。

在嘴部状态识别方面，提出了利用图像投影定位作业者嘴唇特征点的算法，根据嘴部区域几何特征值进行 BP 神经网络识别作业者不说话时的嘴闭合、说话时的普通张嘴、打呵欠时的大张嘴三种不同的嘴部状态。

在嘴唇分割和定位的基础上，利用垂直投影得到左右嘴角，利用水平投影得到上嘴唇中心最上点、上嘴唇中心最下点、下嘴唇中心最上点、下嘴唇中心最下点。本书根据三种不同的嘴部状态，嘴部区域的最大宽度 (W_{max})、嘴部区域的最大高度 (H_{max}) 和上、下嘴唇之间的高度 (H_m) 不同，将这三个嘴部区域的几何特征值作为 BP 神经网络的输入向量。

BP 神经网络是应用最普遍的一种人工神经网络，目前其应用实例约占神经网络应用实例的 80%，它已成为人工神经网络的典型代表。该 BP 神经网络为三层结构，输入层有 3 个神经元，隐含层有 14 个神经元，输出层有 3 个神经元，代表作业者三种不同的嘴部状态，隐含层的传递函数为 Sigmoid 函数。实验证明，网络收敛迅速，识别效果良好。

在作业者疲劳作业和精神分散状态判别方面，利用 BP 神经网络识别出来的嘴部状态的时间系列，根据作业者打哈欠嘴部状态的特点判断作业者打哈欠疲劳状态，根据作业者说话时间的长短，分三种警告等级对作业者说话精神分散状态进行判断。

4.2.5 动态心率法

在从事体力操作时，人的心率与肌肉疲劳之间有着密切的关系。由于动态心率的测量技术已比较成熟，目前已有研究人员开展了以动态心率为指标的体力疲劳评价方法研究，提出以心率恢复期为指标的肌肉疲劳程度的分级方法，并且认为动态心率和心率恢复期是评估疲劳的良好方法。由于此方法不干扰被测者完成操作，因此可用于肌肉疲劳的连续监测。

大量的研究结果表明，心率变化率 (k_{HR}) 可作为评价人在工作状态下工作负荷的重要指标，在工作负荷很高时，心率和主观量表的评定结果高度相关。心率变化率同心率变异性一样，可更准确地反映管制员的工作负荷程度。

4.2.6 反应时间测定法

反应时间是指从刺激呈现到做出反应之间的时间间隔，其中包括感受器将刺激转化为神经冲动 1～38 ms，传入神经将冲动传导至大脑等神经中枢 2～100 ms，神经中枢进行信息加工 70～300 ms，传输神经将冲动传导至肌肉 10～20 ms，肌肉潜伏期和激发肌肉收缩 30～70 ms。上述各段时间的总和为 113～528 ms，即为反应时间。反应时间的变化能表征中枢系统机能的迟钝化程度，测定作业者的反应时间，根据其反应时间的长短也能判断出作业者的疲劳状况。

根据刺激呈现的多少，反应时间可分为简单反应时间和选择反应时间两种：

（1）当单一刺激呈现时，人只需做出一个特定反应所需的时间，即为简单反应时间。

（2）当两种或更多种的刺激呈现时，不同的刺激要求做出不同的反应所需要的时间，即为选择反应时间。

北京大学青鸟公司生产 SHJ2Ⅲ型视觉反应时间测试仪可以测验反应时间[24]。简单反应时间：红灯为反应信号，绿灯为干扰信号，单手按键反应。红灯随机出现 20 次，记录正确反应时间，取平均值。复杂反应时间：显示屏左右亮点之和为奇数，左手按键；亮点之和为偶数，右手按键。共 20 次，记录正确反应时间，取平均值。

管制员反应时间又称管制员警觉行为能力指数（VAI），来源于神经行为能力指数（NAI），是管制员警觉性行为能力测试过程中各项指标的综合反映，能相对灵敏、直观地反映受试者的警觉行为能力状态。目前国内多采用“计算机化警觉性行为测试评价系统”，该系统由中国民航医学中心（民航总医院）研究开发，不仅操作简便，同时具有较高的检测信度和效度。系统中的所有测评项目通过准确判断数（或准确率）、错误判断数（或漏选率）、准确判断时间等指标，最终由计算机综合计算 VAI。其公式如下：

$$VAI = \frac{[100-(T_t + SD \times WN]/Correct}{CTS} \tag{4.7}$$

式中：VAI ——警觉行为能力指数，为无量纲值，反映警觉性神经系统的总体状况；

T_t——测试总耗时（s）；

SD——校正系数（0.116 s/次）；

WN——错误操作数（次）；

Correct——准确操作数（次）；

CTS——准确操作平均耗时离散度（s/次）。

在实际测试时，有些受试者的反应速度很快，但准确率很低，为避免此种情况导致的测试失效，采用 *CTS* 作为权数，并用 *WN* 对此加权，以校正因错误操作过多而造成的反应时间缩短的假象。

综上所述，管制员疲劳状态测评方法分类如图 4.4 所示。

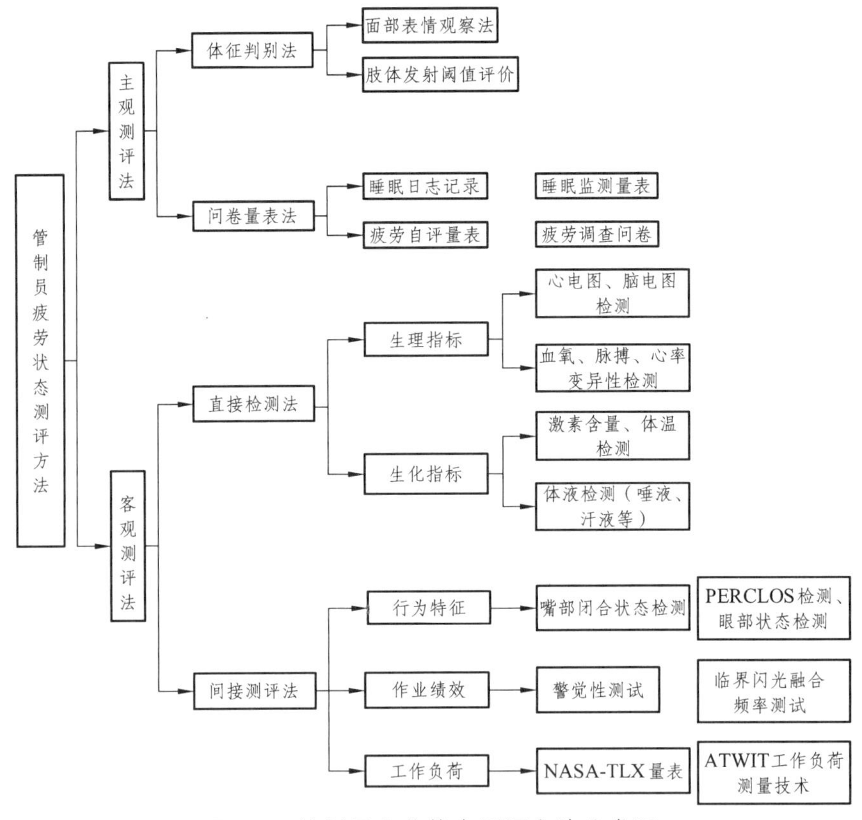

图 4.4 管制员疲劳状态测评方法分类图

4.3 方法对比

综上所述，管制员疲劳的测评方法既有主观的问卷量表，又有客观的指标测量，从测量内容、测量工具、测量形式、优缺点等方面对上述方法进行对比分析，结果如表 4.2 所示。

表 4.2 管制员疲劳测评方法对比分析

测量内容	测量工具	测量形式（主观/客观）	优点	缺点
疲劳	疲劳报告	主观	简单有效，可在线完成，能够立刻确定潜在的疲劳风险	可能存在主观偏向，要求管制员具有较高的疲劳自愿报告意识
	调查问卷、评定量表（如KSS、FAI等）	主观	简单有效，可迅速完成，能够收集大量数据，可借鉴航空业中已有的量表	可能存在偏向性
	生理指标和生化指标测量	客观	客观且不存在偏向性	存在侵入性，对个体造成一定的负担，人力资源要求高，测量仪器成本高
睡眠	睡眠日志、回溯式调查	主观	简单有效，能够收集大量数据，能同时实现多项测量（如睡眠和疲劳评定）	可能存在回忆偏向，许多条目无法验证，数据收集周期长
	多导睡眠监测仪	客观	客观无偏向性，在航空业中已有使用	存在侵入性，对个体造成一定的负担，人力资源要求高，实验仪器昂贵
生物节律	生理测量（如核心体温）	客观	客观无偏向性，在航空业中已有使用	存在侵入性，对个体造成一定的负担，测量周期长，实验仪器昂贵，数据处理困难
行为表现	回溯式调查	主观	简单有效，能够收集大量数据	存在主观偏向性，无法验证部分测验条目
行为表现	工作效能（如反应时间、警觉性、PVT）测定	客观	客观且无主观偏向性，在航空业中已有使用	存在较小的侵入性，人力需求高，测量周期长，受测验环境的影响
工作负荷	评定量表（如NASA-TLX，VAS）	主观	简单有效，部分量表已用于航空业中	存在主观偏向性，无法验证部分测验条目
	任务量（通话时间、操作时间等）	客观	简单有效，部分测量模型已用于航空业中	执行任务的时间界定模糊，存在一定误差

由表 4.2 可知，主观测评法具有可操作性强、收集数据量大的优点，但数据主观影响程度大，精确性不高；客观测量法虽然所得数据精确，但试验成本高，对被测人员造成一定的侵入性，不适合大量采集。因此，本书采用主观、客观相结合的测评方法对管制员疲劳状态进行综合评定，依据问卷量表得到管制员的主观疲劳值和睡眠质量指数，利用执勤期间所指挥的航班架次表征管制员的工作负荷度，通过特定的软件系统测得反应时间从而计算出警觉度，综合评定管制员真实的疲劳状态。

4.4 管制员疲劳状态识别

4.4.1 管制员疲劳状态识别因子

在对管制员疲劳状态进行识别之前，首先需要确定管制员疲劳状态的识别因子，由于管制员大都属于累积疲劳的特性，所以要求识别因子可以直接或间接地反映出管制员的疲劳状态。

管制员疲劳的关键致因是工作负荷、睡眠情况和执勤排班因素，睡眠缺失对人体大脑造成的直接危害是导致人体警觉度下降，同时警觉度也能有效地表征管制员的疲劳状态，加之执勤排班不易量化为输入指标，所以在结合表 2.1 的对比结果基础之上，采用匹茨堡睡眠质量指数（Pittsburgh Sleep Quality Index，PSQI）衡量管制员的睡眠情况，采用 ICAO 所推广的工作负荷度的概念，综合航班架次和执勤排班时间得到管制员的工作负荷度，采用中国民航医学研究中心的“空管人员警觉性测试系统”得到管制员的警觉度，最终确定将睡眠质量指数、工作负荷度和警觉度作为管制员疲劳状态的识别因子。

4.4.1.1 睡眠质量指数

管制员睡眠质量指数是反映管制员睡眠情况好坏的量化参数，本书采用 PSQI 量表评定管制员的睡眠情况，该量表由美国匹茨堡大学医学中心精神科睡眠和生物节律研究中心的睡眠专家 Buysse Dj 等人于 1993 年编制，用于评定被试者最近一个月的主观睡眠状况。国内刘贤臣等研究者对该量表进行了信度和效度检验，结果显示该量表适用于国内。

该量表分别从主观睡眠质量、睡眠潜伏期、睡眠时间、睡眠效率、睡眠障碍、使用睡眠药物、日间功能障碍七个方面协助管制员了解自己的睡眠状况，结合管制工作的特性，确定针对管制员睡眠量表的评分规则如下：0～5分，睡眠质量很好；6～15分，睡眠质量一般；16～21分，睡眠质量很差。

4.4.1.2 工作负荷度

根据文献可得，管制员的工作负荷 = 任务数 × 任务价值/可用时间，ICAO Doc 9426 文件将工作负荷度定义为：用来描述管制员所负责扇区工作负荷的程度，用符号 D 表示。在雷达管制条件下，管制员的平均工作负荷小于其最大值的 $(0 \leqslant D \leqslant 0.8)$，管制员工作负荷度的计算公式为

$$D_i(t) = \frac{W_i(t)}{t} \tag{4.8}$$

式中：i 表示第 i 个时间段；D 表示在 t 个时间段内管制员工作负荷 $W(t)$ 所占比例[41]。

管制员工作负荷研究，大多采用在某一特定扇区中对管制员在执行管制任务时所产生的全部通话时间（即所发指令的时间和频次）来表示管制员工作负荷量，但是该方法存在统计数据工作量大、主观影响程度高、不具有普适性等缺点。罗敏（2008）通过对管制员的工作负荷进行综合分类，通过统计不同扇区内航空器的架次来表征管制员的工作负荷值，该方法具有操作性强、准确性较高的特点[37]。由此得到，管制员工作负荷度的计算公式为

$$D = \frac{W}{t} = \frac{-2 \times 10^{-6} N^2 + 0.018N + 0.631}{t} \tag{4.9}$$

式中：D 为管制员的工作负荷度；N 为执勤期指挥航空器的架次；t 为管制员的执勤时间。

4.4.1.3 警觉度

警觉度（Vigilance）是指人在执行任务时长时间保持注意力或警觉性的水平[42]。管制员的警觉度是指在正常情况下，管制员在执勤管制任务时长时间维持注意力或警觉性的水平，用符号 V 表示。管制员反应时间是指其大脑对外界刺激所做出反应的时间长度，用符号 Δt 表示。管制员的警觉度是管制员反应时间的集中化表示，能直接反映出管制员的疲劳程度，这三者存在一定的关系，即管制员疲劳程度越大，反应时间越长，警觉度越低。研究显示，神经行为能力指数（NAI）能综合反映人体警觉行为能力的各项指标，能相对灵敏、直观地反映受试者的警觉能力状态。通过对神经行为能力指数公式

的分析，结合反应时间与警觉度的关系，可得管制员警觉度计算公式：

$$V=\left\{\frac{[100-(T_t/w+SD\times WN)]}{Correct\times CTS}\Delta t\right\}^{-1} \tag{4.10}$$

式中：V 指警觉度，为无量纲值，能反映管制员神经系统的警觉性水平；T_t 为测试总耗时（s）；w 为测试时间修正权数；SD 为校正系数（0.116s/次）；WN 为错误操作数（次）；$Correct$ 为准确操作数（次）；CTS 为准确操作平均耗时离散度（标准差）（s/次）；Δt 为反应时间[43]。

根据《民用航空空中交通管理规则》的规定和表 3.5 的分析，结合被测管制员的执勤安排，确定样本测试时间段为 7:00—12:00、13:00—18:00、19:00—24:00，选取每天三次执勤后的时间进行测试。其中，对于执勤期在 00:00—7:00 的管制员，在早班结束后进行测量，最终取反应时间的平均值。测试方式为利用可运行“空管人员警觉性测试系统”的计算机，在休息室内无任何干扰的条件下，首先测量管制员在上岗执勤前（基础状态）的反应时间，然后在执勤结束 5 min 之后再测一次管制员的反应时间以形成前后对比，最后利用公式（4.10）得到管制员的警觉度，管制员反应时间测试结果如图 4.5 所示。

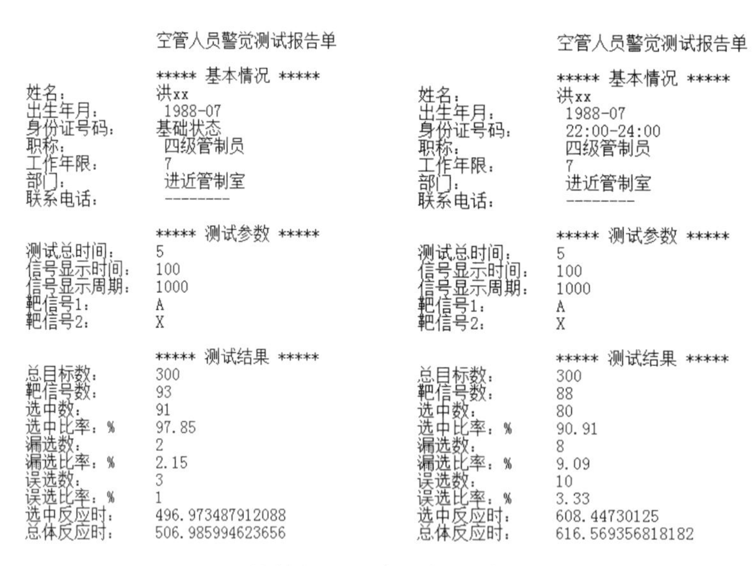

空管人员警觉测试报告单

***** 基本情况 *****

姓名：洪xx
出生年月：1988-07
身份证号码：基础状态
职称：四级管制员
工作年限：7
部门：进近管制室
联系电话：--------

***** 测试参数 *****

测试总时间：5
信号显示时间：100
信号显示周期：1000
靶信号1：A
靶信号2：X

***** 测试结果 *****

总目标数：300
靶信号数：93
选中数：91
选中比率：% 97.85
漏选数：2
漏选比率：% 2.15
误选数：3
误选比率：% 1
选中反应时：496.973487912088
总体反应时：506.985994623656

空管人员警觉测试报告单

***** 基本情况 *****

姓名：洪xx
出生年月：1988-07
身份证号码：22:00-24:00
职称：四级管制员
工作年限：7
部门：进近管制室
联系电话：--------

***** 测试参数 *****

测试总时间：5
信号显示时间：100
信号显示周期：1000
靶信号1：A
靶信号2：X

***** 测试结果 *****

总目标数：300
靶信号数：88
选中数：80
选中比率：% 90.91
漏选数：8
漏选比率：% 9.09
误选数：10
误选比率：% 3.33
选中反应时：608.44730125
总体反应时：616.569356818182

图 4.5　某管制员反应时间测试结果对比

在实际测试时，有些管制员的反应速度很快但准确率很低，为避免此种情况导致的测试失效，采用权数对错误操作次数加权，保证测试时间的准确性。由于平均耗时离散程度即平均耗时的标准差，因此得到 $CTS=0.189s$ /次。

综上所述，本书测试时间为 5 min，故修正权数 w，将参数代入公式（4.10），得到管制员警觉度的计算公式：

$$V = \frac{0.189Correct}{40 - 0.116WN} \times \frac{1}{\Delta t} \tag{4.11}$$

4.4.2 管制员疲劳状态识别模型

4.4.2.1 BP 神经网络原理

BP（Back Propagation）神经网络，又称误差逆传播神经网络，由美国心理学家 David Everett Rumelhart 等人于 1985 年提出，它由输入（Input）层、隐含（Hidden）层和输出（Output）层构成，包含了神经网络模型中最精华的部分，其学习过程的相关参数可根据具体情况实时设定，具有灵活性好、学习能力和逼近能力强，可模拟任意非线性系统函数等优点。其拓扑结构如图 4.6 所示。

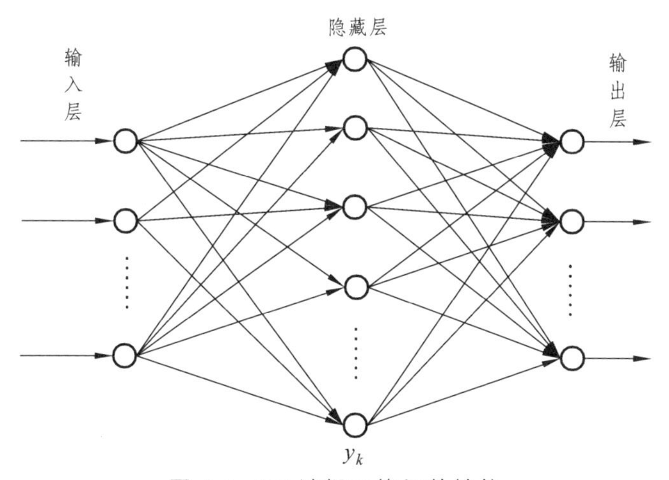

图 4.6 BP 神经网络拓扑结构

对符号的形式及意义说明如下：

网络输入向量 $P_k = (a_1, a_2, \cdots, a_n)$；

网络目标向量 $T_k = (y_1, y_2, \cdots, y_q)$；

中间层神经元输入向量 $S_k = (s_1, s_2, \cdots, s_p)$，输出向量 $B_k = (b_1, b_2, \cdots, b_p)$；

输出层神经元输入向量 $L_k = (l_1, l_2, \cdots, l_q)$；输出向量 $C_k = (c_1, c_2, \cdots, c_q)$；

输入层至中间层的连接权 w_{ij}，$i = 1, 2, \cdots, n$，$j = 1, 2, \cdots, p$；

中间层至输出层的连接权 v_{jt}，$j = 1, 2, \cdots, p$，$t = 1, 2, \cdots, q$；

中间层各神经元的输出阈值 θ_j， $j=1,2,\cdots,p$；

输出层各神经元的输出阈值 γ_t， $t=1,2,\cdots,q$， 参数 $k=1,2,\cdots,m$ 为训练样本序号[44]。

4.4.2.2 BP 神经网络模型的结构设计

1）输入层

输入层的节点数由管制员疲劳状态识别因子的个数决定，本书的输入神经元分别为睡眠质量指数、工作负荷度、警觉度，将识别因子定义为三个参数向量矩阵，则有：

睡眠质量指数：$PSQI=[I_1,I_2,I_3,\cdots,I_n]$，$I_n$ 表示第 n 个样本的睡眠质量指数值。

工作负荷度： $D=[d_1,d_2,d_3,\cdots,d_n]$， d_n 表示第 n 个样本的工作负荷度值。

警觉度： $V=[v_1,v_2,v_3,\cdots,v_n]$， v_n 表示第 n 个样本的警觉度值。

将 3 个识别因子向量作为模型输入的起点，则模型输入神经元的节点数为 3。

2）隐含层

BP 神经网络训练的输出结果为管制员的疲劳值，不存在数量上的差异，因此通过增加隐含层层数对误差的影响不大，故将隐含层数设为 1 层。

隐含层的节点数量会对 BP 神经网络的训练精度造成影响，节点数太少会降低训练精度同时增加训练次数；节点数太多则会延长训练时间，并且易出现样本过拟合现象。一般采用试凑法确定隐含层节点数，先由以下公式确定节点的大致范围：

$$p<\sqrt{n+q}+c \tag{4.12}$$

式中：n 为输入层节点数；p 隐含层节点数；q 为输出层节点数；c 为 0 ~ 10 之间的常数。

然后再利用均方误差（Mean Square Error，MSE）公式进行误差大小判断。MSE 的值越小，说明模型输出值与真实值越接近，反之则相差越大，从而最终确定隐含层节点数值[45]。MSE 的计算公式如下：

$$MSE=\frac{\sum_{i=1}^{n}(x_{p,i}-x_{e,i})^2}{n} \tag{4.13}$$

式中：$x_{p,i}$ 为管制员的评估疲劳值（模型输出值）；$x_{e,i}$ 为管制员的主观疲劳值。

3）输出层

网络模型的输出层为管制员疲劳值，用 Y 表示，则

$$Y = f(PSQI, D, V) \tag{4.14}$$

式中：$f(\cdot)$ 表示 BP 神经网络的计算过程，输出层的节点数量为 1。

4.4.3 BP 神经网络模型的训练过程

在完成了数据的归一化处理之后，可开始网络模型的训练。基于 BP 神经网络的信号前向传递，误差反向传递的特点，本书以睡眠质量指数、工作负荷度、警觉度 3 项参数为输入层指标，以主观疲劳值为训练依据，经隐含层计算处理后至输出层，若未达到预设的精度，则根据误差修正网络模型的权值和阈值，直到误差降至最低。BP 神经网络模型训练流程如图 4.7 所示。

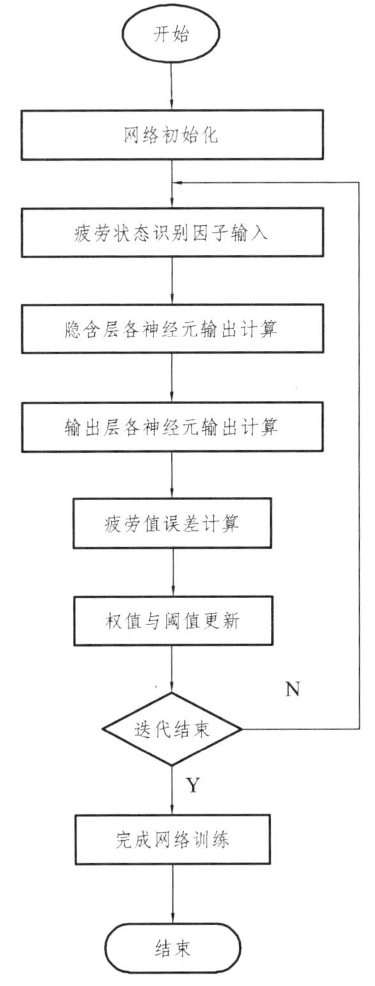

图 4.7　BP 神经网络训练流程

由图 4.8 可得，管制员疲劳状态识别模型的 BP 神经网络训练步骤如下：

步骤 1：网络初始化。假设模型中输入层到隐含层的连接权值为 w_{ih}、隐含层到输出层的连接权值为 w_{ho}、隐含层各神经元的阈值为 a_h、输出层各神经元的阈值为 a_o、学习率为 δ、给定计算精度值为 ε、样本个数 $i=1,2,\cdots,l$。BP 算法要求激励函数可导，故感知器的传递函数不可用，本书选用 Sigmoid 函数为激励函数，其值域为（0, 1），即

$$f(x)=(1+\mathrm{e}^{-x})^{-1} \tag{4.15}$$

步骤 2：隐含层输出计算。根据输入的疲劳状态识别因子以及输入层和隐含层之间的权值 w_{ih}，得到隐含层的输出函数：

$$H_i=f(\sum_{i=1}^{n}w_{ih}x_i-a_h)\ (h=1,2,3\cdots,p) \tag{4.16}$$

式中：f 为隐含层的激励函数；p 隐含层节点数；x_i 为输入参数值。

步骤 3：输出层函数计算。由隐含层输出值 H_i，权值 w_{ho} 和阈值 a_o，得出网络输出层函数：

$$Y_o=f(\sum_{h=1}^{p}w_{ho}H_{hw}-a_o)\ (o=1,2,3\cdots,q) \tag{4.17}$$

步骤 4：误差计算。根据管制员疲劳输出值和期望输出值，得出神经网络模型的训练误差：

$$E=\frac{1}{2m}\sum_{k=1}^{m}\sum_{o=1}^{q}(e_{ko}-y_{ko})^2 \tag{4.18}$$

式中：e_{ko} 为管制员的主观疲劳值；y_{ko} 为管制员的评估疲劳值。

步骤 5：更新权值。根据网络模型训练误差 E、修正权值 w_{ih} 和 w_{ho}，得到更新后的权值：

$$w'_{ih}=w_{ih}+\delta H_h(1-H_h)x(i)\sum_{o=1}^{q}w_{ho}E_o\ (h=1,2\cdots,p;o=1,2\cdots,q) \tag{4.19}$$

$$w'_{ho}=w_{ho}+\delta H_h E_o\ (h=1,2\cdots,p;o=1,2\cdots,q) \tag{4.20}$$

步骤 6：更新阈值。根据网络模型误差 E、修正阈值 a_h 和 a_o，得到更新后的阈值：

$$a'_h = a_h + \delta H_h(1-H_h)\sum_{o=1}^{q} w_{ho}E_o \ (h=1,2\cdots,p; o=1,2\cdots,q) \tag{4.21}$$

$$a'_o = a_o + E_o \ (h=1,2\cdots,p; o=1,2\cdots,q) \tag{4.22}$$

步骤 7：判断训练精度是否达到预设值，若未达到，则返回步骤 2 重新开始计算[46-47]。

按照 BP 神经网络的训练流程，利用 MATLAB 中的 Trainlm 函数对神经网络进行训练，BP 神经网络训练示意图如图 4.8 所示。

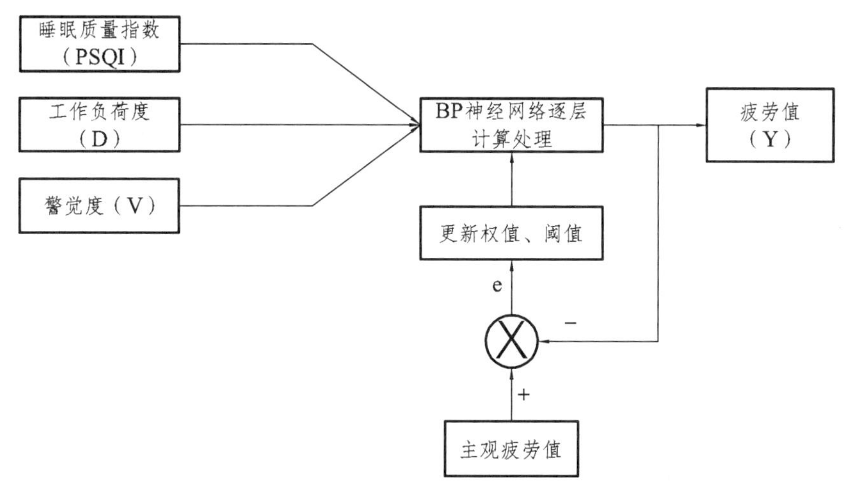

图 4.8 BP 神经网络训练示意图

由图 4.8 可知，将睡眠质量指数、工作负荷度、警觉度 3 个参数作为 BP 神经网络的输入向量，主观疲劳值作为训练初始条件，经过网络的逐层计算处理得到疲劳输出值，再对主观疲劳值和评估值进行对比以不断更新权值和阈值，经过多次的循环计算，可最终得到接近管制员的真实疲劳状态的疲劳值。

4.5 管制员疲劳等级划分

4.5.1 主观划分法

目前对疲劳等级的判定大多采用定性划分的方法，在文献分析的基础上，依据疲劳风险矩阵评估法的原理，以及航空人因专家、空管专业人士和一线管制员的意见，结合上节中得到的管制员疲劳期望值的结果，本书将管制员疲劳分为四个等级。下面对四个疲劳等级进行说明：

非疲劳状态：管制员处于高度警觉状态，身体的累积疲劳得以恢复至正常状态或没有累积性疲劳，完全能胜任规定的工作，即管制员的疲劳等级 $F_L = 0$。

一级疲劳：管制员处于一般警觉状态，其疲劳程度在可以接受的范围之内，处于轻微疲劳状态，经过短暂的休息后可调整恢复，即管制员的疲劳等级 $F_L = 1$。

二级疲劳：管制员处于低水平的警觉状态，疲劳程度的可接受性范围超过中等，其处于中等疲劳的状态，需要调整目前的工作强度和工作时间，并保证一定量的休息时间和睡眠质量才有可能恢复，即管制员的疲劳等级 $F_L = 2$。

三级疲劳：疲劳程度在不可接受的范围，其处于严重疲劳状态。要求管制员必须立刻停止工作，其警觉性降到最低值，存在短暂脱岗的可能性，需要得到足够的休息时间和良好的睡眠才能恢复其工作效能，即管制员的疲劳等级 $F_L = 3$。

4.5.2 客观划分法

4.5.2.1 疲劳阈值确定

对于原始管制员疲劳状态序列集合 $Y = \{y_1, y_2, \cdots, y_n\}$，去除异常数据值后，按升序排列得到疲劳状态序列集合 $X = \{x_1, x_2, \cdots, x_n\}$，然后按如下步骤确定管制员疲劳等级阈值。

步骤 1：以 s（s 为整数）为步长，统计 X 中落入 $[x_1, x_s)$ 内的样本点个数 n_1，并计算其密度值 $den\,s_1 = \frac{n_1}{s_1}$，步长 s 的计算方法如下：

$$s = \frac{\max(X) - \min(X)}{1 + 3.222\lg n} \tag{4.23}$$

步骤 2： 继续增加 1 个步长 s，同理统计 X 中落入 $[x_2,x_s)$ 内的样本点个数 n_2，并计算其密度值 $den\ s_2=\frac{n_2}{s_2}$。

步骤 3： 循环步骤 2，依次得到疲劳状态样本点分布密度值序列 $den\ s_1$，$den\ s_2$，$den\ s_3$，…，直至出现 $den\ s_i<den\ s_{i-1}$，停止循环，得到第 1 级疲劳与第 2 级疲劳间的状态分级隶属度 a_1，其计算公式为

$$a_1=\frac{1}{s}\sum_{j=(i-2)s+1}^{(i-1)s}(x_j)+\sqrt[3]{\frac{\sum_{k=1}^{(i-1)s}\left(\frac{1}{s}\sum_{j=(i-2)s+1}^{(i-1)s}(x_j)-x_k\right)^2}{(i-1)s}} \tag{4.24}$$

步骤 4： 从疲劳状态序列集合 X 中，去除落入 $[x_1,a_1)$ 中的所有数据元素，然后重新按升序排列，并按顺序更新疲劳状态序列集中元素下标，对于该序列集合不妨仍记为 X。重复步骤 1 至步骤 3，直至覆盖所有疲劳状态样本数据，从而得到疲劳水平划分隶属度序列 $(a_1,a_2,\cdots,a_{m-1})$，其中 m 为疲劳等级数。

4.5.2.2　非线性参数估算

在确定了管制员疲劳水平划分隶属度序列 $(a_1,a_2,\cdots,a_{m-1})$ 的基础上，可对原始疲劳状态序列集合 $Y=\{y_1,y_2,\cdots,y_n\}$，按步长（取整数）逐段进行疲劳等级确定，对截取到的第 i 个子序列 $Y_i=\{y_{(i-1)\lambda+1},y_{(i-1)\lambda+2},\cdots,y_{i\lambda}\}$ 按 $1,2,\cdots,m$ 逐级计算该段行为子序列对各级疲劳阈值为

$$p_k=\frac{n_k}{\sum_{k=1}^{m}n_k} \tag{4.25}$$

其中：n_k 为 Y_i 中满足 $a_{k-1}\leqslant y_j<a_k$（对于第一级为 $y_j<a_1$，对于第 m 级则为 $a_{m-1}\leqslant y_j$）的元素个数，最终该子序列的疲劳分级划分为

$$F_{(i)}=\{l/p_l=\max_{1\leqslant k\leqslant m}(p_k)\} \tag{4.26}$$

其具体的运算流程如图 4.9 所示。

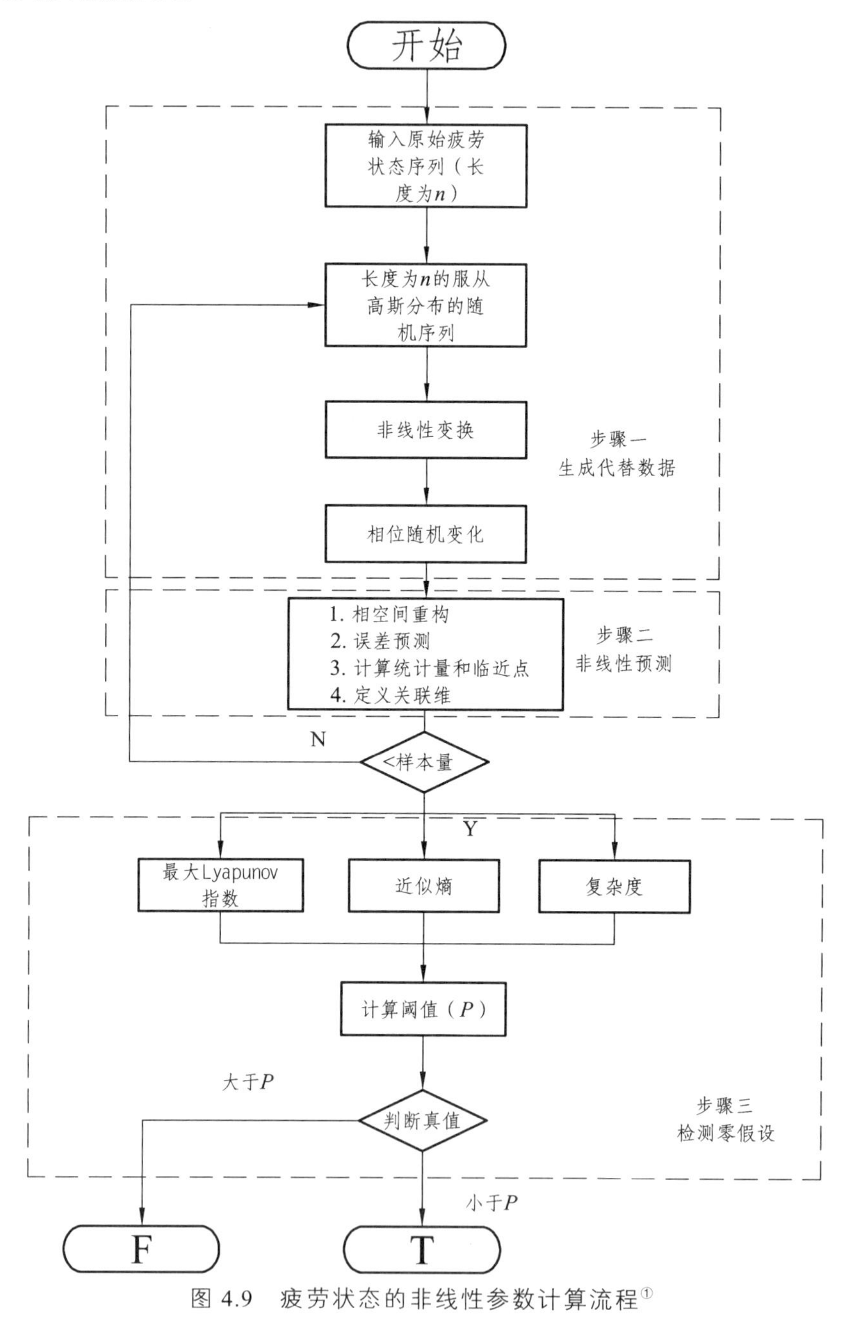

图 4.9　疲劳状态的非线性参数计算流程①

① F 表示 False，T 表示 True。

4.6 管制员疲劳等级评定标准

对不同状态下的心率信号和警觉行为能力进行小波包分解或通过神经网络深度学习反馈，以最大 Lyapunov 指数、近似熵、复杂度作为特征参数的输出值，该值可以作为管制员的疲劳状态特征识别与评估的量化基础。因此，本书采用此三个特征参数作为管制员疲劳等级判定的依据。

表 4.3 疲劳状态判定的三个非线性参数阈值及其真值

非线性参数	阈值（P）	判断真值
最大 Lyapunov 指数	>0.4	T
	<0.4	F
复杂度	>0.6	T
	<0.6	F
近似熵	>0.15	T
	<0.15	F

表 4.4 疲劳状态评估的综合判断依据

三参数的真值	判断真值	疲劳等级
3T	非疲劳状态	正常
2T，1F	轻微疲劳状态	一级疲劳
1T，2F	中等疲劳状态	二级疲劳
3F	严重疲劳状态	三级疲劳

根据表 4.3 所示的三个非线性特征参数，按照表 4.4 所示的三参数真值对样本数据运行结果进行评估，可得到各管制员相应的疲劳状态（表 4.5）。采用综合判定方法评估人体疲劳状态与实际情况基本吻合，其中对疲劳和非疲劳状态的判定准确率可达到 94.4%，对轻微疲劳、中等疲劳和严重疲劳三种状态的准确区分准确度还有待优化。

表 4.5 疲劳状态的非线性特征参数判据

管制员疲劳判据	管制员疲劳等级评估
$F \geqslant 0.6$	非疲劳状态
$0.4 \leqslant F < 0.6$	轻微疲劳状态（一级）
$0.15 \leqslant F < 0.4$	中等疲劳状态（二级）
$F \leqslant 0.15$	严重疲劳状态（三级）

4.7 案例分析

4.7.1 决策树算法原理

决策树是一种树形结构，是一种利用递归算法所形成的树状图来表示事物分类逻辑的结构图。它具有非参数特性和很强的推理解释能力，其中每个内部节点表示一个属性上的测试，每个分支代表一个测试输出，每个叶节点代表一种类别。决策权在各领域中得到了广泛的应用。

卡方自动交叉检验算法（Chi-squared Automatic Interaction Detection，CHAID）是决策树分类算法的一种，可以实现只对因变量进行一次切分就得到多个分支，并且能够快速生长出高预测能力分支。该算法不仅适用于次序等级数据的分析，同时还能获取自变量对因变量的重要程度。如果因变量 y 为离散变量，$x_1, x_2, \cdots, x_g, \cdots, x_m$ 为 m 个解释变量，则 CHAID 的算法如下：先将连续变量 x_k 离散化，并让离散化后的变量 x_k $(1 \leqslant k \leqslant m)$ 与 y 进行交叉分类；再计算每个交叉分类表的卡方统计量 χ^2，即

$$\chi^2 = \sum_g \sum_j \frac{(f_{gj} - \widehat{F}_{gj})^2}{\widehat{F}_{gj}} \tag{4.27}$$

式中：$f_{gj} = y_{gj} / u$ 为交叉分类表中第 g 类 x 和第 j 类 y 的实际分布频率，y_{gj} 为分布频数，u 为分类表的样本数量；$\widehat{F}_{gj}$ 为与 f_{gj} 对应的期望分布频率的估计值。通过比较 m 个交叉分类表中 χ^2 的相伴概率 p 值的大小，得出最佳分类变量值，例如 x_k 与 y 的 p 值最大，则选 x_k 为最佳交叉分类变量；重复上述步骤，得到模型不同层次的多维交互表并确定针对 y 的最优分类，直到满足深度或显著性终止条件后停止。

4.7.2 管制员疲劳等级判定过程

本书通过 SPSS 20 软件建立 CHAID 决策树模型。为便于区分将管制员疲劳预测值所评估的疲劳等级 F_L 定义为疲劳初始等级，依据算法原理，以 F_L 为因变量，以主观疲劳程度（w）、工作负荷度（D）、警觉度（V）三个因子指标作为自变量，建立管制员疲劳等级决策树分类模型。模型参数设置如表 4.6 所示。

表 4.6 决策树模型参数设定值

模型参数	设定值
根节点的最大深度	3
父节点最小观测数	50
子节点最小观测数	20
拆分节点的显著性水平	0.05
合并类别的显著性水平	0.05
模型估计最大迭代次数	100
单元格最小频率改变量	0.001
统计方式	Pearson 卡方
交叉验证样本群数	10 组
刻度自变量区间	10
是否允许 Bonferroni 方法调整重要值	是

采用分类汇总表对决策树模型的精度进行评价，表中以行表示疲劳初始等级，以列表示决策树模型预测的疲劳等级，设预测疲劳等级为 P_{FL} $(P_{FL}=0,1,2,3)$，初始疲劳等级为 $O_{FL}(O_{FL}=0,1,2,3)$，$P(P_{FL},O_{FL})$ 预测等级为 P_{FL} 的样本观测等级为 O_{FL} 的百分比，则有

$$P(P_{FL},O_{FL})=\frac{Z(P_{FL},O_{FL})}{Z(P_{FL})} \tag{4.28}$$

式中：$Z(P_{FL},O_{FL})$ 表示样本中的预测疲劳等级为 P_{FL}、初始疲劳等级为 O_{FL} 的样本数；$Z(P_{FL})$ 表示样本中预测疲劳等级为 P_{FL} 的样本数。

模型的总正确率为

$$P(P_{FL}=O_{FL})=\frac{Z(P_{FL}=O_{FL})}{Z} \tag{4.29}$$

式中：$P(P_{FL}=O_{FL})$ 为决策树模型的总正确率；$Z(P_{FL}=O_{FL})$ 为模型预测疲劳等级与疲劳初始等级相等的样本数量[53]；Z 为样本采集的总数量，即 $Z=183$。

4.7.3 管制员疲劳等级判定结果

依据疲劳等级的判定过程，首先根据“空中交通管制员疲劳程度调查问卷”中疲劳自评的结果以及管制员主观疲劳程度的分值和管制员疲劳的特性，对初始疲劳等级进行划分，划分结果如表 4.7 所示。

表 4.7 管制员初始疲劳等级划分

疲劳预测值	疲劳状态	初始疲劳等级
0～2	不疲劳	$F_L = 0$
2.1～4.0	轻微疲劳	$F_L = 1$
4.1～7.0	中等疲劳	$F_L = 2$
7.1～10	严重疲劳	$F_L = 3$

根据表 4.7 可得到 183 名管制员初始疲劳等级分布情况如图 4.10 所示。

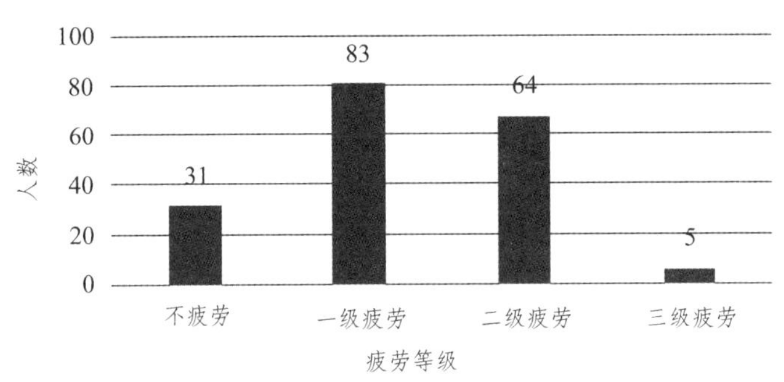

图 4.10 管制员疲劳初始等级分布情况

在得到初始疲劳等级之后，利用 SPSS 20 软件进行决策树模型分类分析，得到模型结果如图 4.11 和表 4.8 所示。

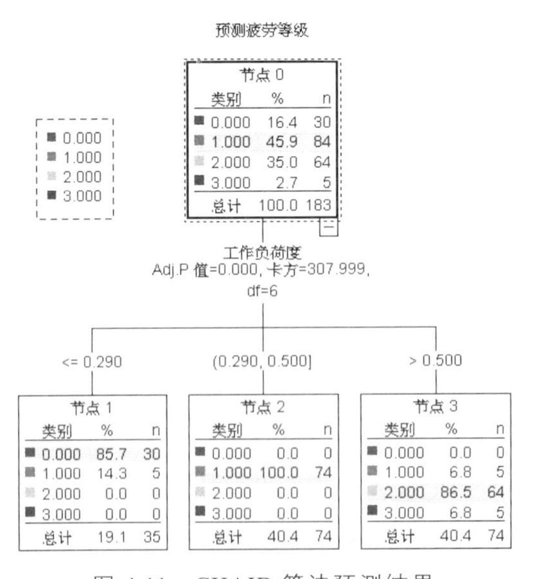

图 4.11 CHAID 算法预测结果

表 4.8 决策树模型分类结果

观测值	预测值				
	0	1	2	3	正确百分比
0	30	0	0	0	100.0%
1	5	74	5	0	88.1%
2	0	0	64	0	100.0%
3	0	0	5	0	0.0%
总体百分比	19.1%	40.4%	40.4%	0.0%	91.8%

由表 4.8 可得，采用 CHAID 算法得到的管制员疲劳预测等级总体正确百分比为 91.8%，其中观测值为不疲劳时预测值的正确率为 100%；观测值为一级疲劳，预测值有 5 个样本为不疲劳，5 个为二级疲劳，预测正确率为 88.1%；观测值为二级疲劳的预测正确率为 100%；观测值为三级疲劳的预测正确率最低。

因此，在参数不变条件下（模型默认参数除外），利用 SPSS 中的 QUEST 算法进行模型验证，以形成对比，得到模型预测结果如图 4.12 和表 4.9 所示。

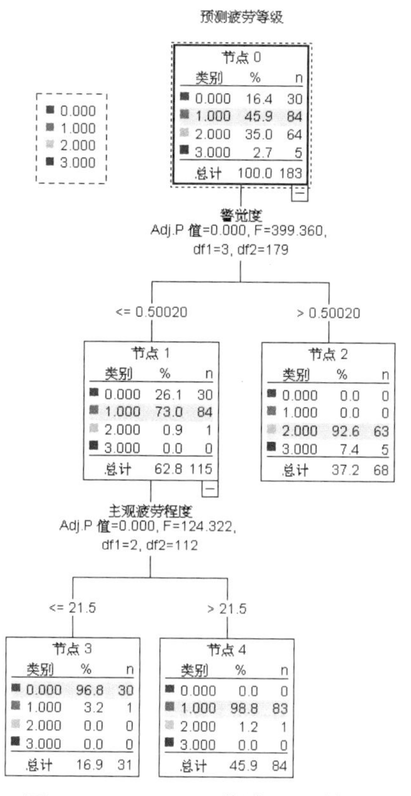

图 4.12 QUEST 算法预测结果

表 4.9　QUEST 算法预测结果分类

观测值	预测值				
	0	1	2	3	正确率百分比
0	30	0	0	0	100.0%
1	1	83	0	0	98.8%
2	0	1	63	0	98.4%
3	0	0	5	0	0.0%
总体百分比	16.9%	45.9%	37.2%	0.0%	96.2%

由表 4.9 可知，采用 QUEST 算法预测的整体精度为 96.2%，但是该算法需要给出数据点集合，因此本书不做重点研究，仅用作疲劳等级初始数据的对比调整。经过对初始疲劳等级进行反复调整，最后利用 CHAID 算法得到预测正确率最高的结果如图 4.13 和表 4.10 所示。

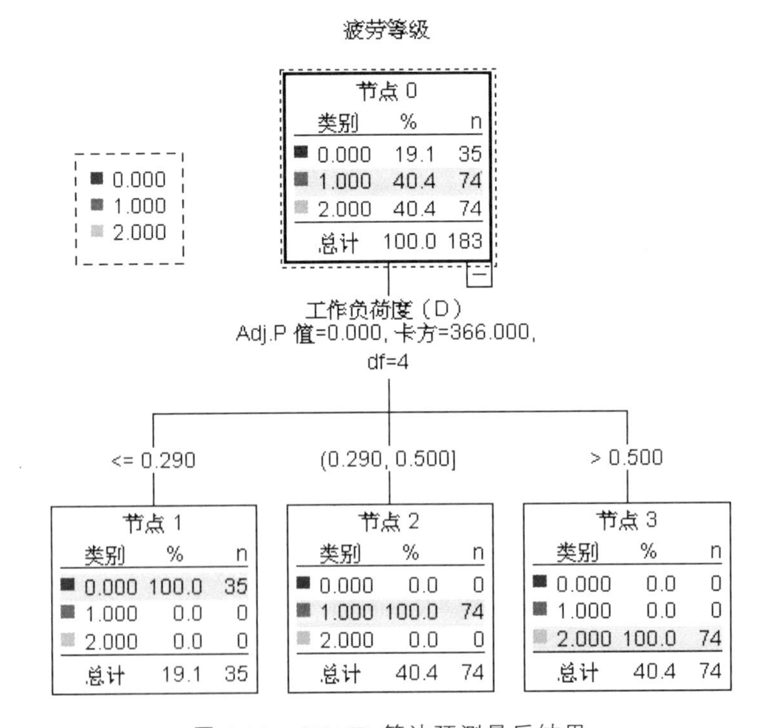

图 4.13　CHAID 算法预测最后结果

表 4.10 CHAID 算法预测最后结果分类

观测值	预测值			
	0	1	2	正确百分比
0	35	0	0	100.0%
1	0	74	0	100.0%
2	0	0	74	100.0%
总体百分比	19.1%	40.4%	40.4%	100.0%
生长法：	CHAID			

由表 4.10 可知，经过反复调整疲劳初始等级值，得到模型最后预测正确率为 98.4%，因此可得到调整后的管制员疲劳等级划分标准如表 4.11 所示。

表 4.11 管制员疲劳等级划分标准

疲劳预测值 Y	疲劳状态	疲劳等级
$Y<2.31$	不疲劳	$F_L=0$
$2.31\leqslant Y<3.9$	轻微疲劳	$F_L=1$
$3.91\leqslant Y<9.75$	中等疲劳	$F_L=2$
$Y\geqslant 9.75$	严重疲劳	$F_L=3$

4.8 小 结

本章主要介绍管制员疲劳状态测评的两种方法：主观测评法和客观测评法。通过将主观和客观测评法相结合，运用 BP 神经网络模型，建立管制员疲劳状态识别模型，得到管制员疲劳等级划分标准，为管制员疲劳风险评估奠定基础。

5 管制员疲劳风险评估

5.1 管制员疲劳风险评估定义

风险（Risk）是不确定性因素对目标的影响，它是危险发生的概率和后果严重度的共同反映。可用下式表达：

$$风险 = 意外概率 \times 后果 \tag{5.1}$$

安全管理体系（SMS）中所给出的风险评估的定义为：风险评估是系统管理者或相关人员对风险可能影响系统安全程度的分析过程。它要求从风险发生的可能性和严重程度等方面入手，确定风险等级，判断系统的风险承受力，为正确选择风险的处理方法提供依据[37]。

基于风险评估的含义，给出管制员疲劳风险评估的定义为：空管运行系统管理者或相关人员对管制员由于疲劳所造成的风险可能影响运行系统安全程度的分析过程。它从管制员疲劳致因和疲劳状态的识别入手，通过分析管制员疲劳风险（不安全事件）所造成后果的严重程度和疲劳所导致风险发生的概率，确定其疲劳风险等级或风险指数，评估系统的风险承受能力，从而保证空管系统安全运行。由定义可知，管制员疲劳风险可由下式表达：

$$\begin{aligned}管制员疲劳风险指数 = {} & 管制员疲劳风险后果的严重程度 \times \\ & 管制员疲劳风险概率\end{aligned} \tag{5.2}$$

5.2 管制员疲劳风险评估原理

疲劳是多年来一直备受关注的问题。目前，正确进行疲劳分类、充分认识疲劳发生机理和疲劳对工效的影响尚有一定困难。但已知疲劳是涉及效率和技能损害或丧失的一组现象。造成疲劳的原因有多种，例如因长时间工作造成睡眠不足、中断或剥夺，其中有多种任务负荷，包括主观疲倦感、注意力短时间丧失、可能有心理运动能力降低。可以认为疲劳是指工作过程中人体工作能力和绩效下降、造成错误和事故发生概率增加的现象。

疲劳的表现形式有很多，目前，针对疲劳的不同症状，如头部和眼睛运动、面部表情、皮肤电阻率的变化，国外研发了多种检测设备。其中，澳大利亚研发的操作觉醒仪（Optalert R）采用红外眼动记录的方法，测量眨眼过程中眼睑闭合与睁开的速率以及闭眼持续时间进而评估嗜睡状态和疲劳。该系统的有效性在汽车驾驶员的疲劳检测中得到证实。

管制员疲劳检测系统利用类似 Optalert R 的原理，检测眼睑睁闭速率及闭合时间，同时辅以嘴巴的张开频率来综合判别管制员的疲劳状况。相比较其他生物识别技术而言，人脸识别技术是非接触的，非强制的，更加便捷、人性化。

管制员疲劳评估测试的系统结构包括了管制员的身份识别登录、疲劳检测、疲劳风险评估三方面的内容，如图 5.1 所示。

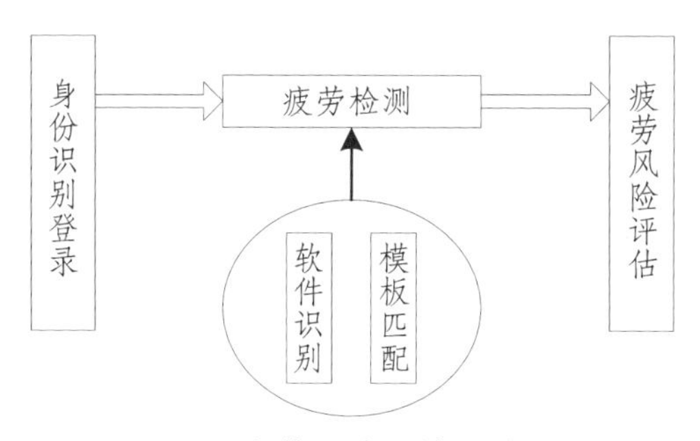

图 5.1　疲劳风险评估系统原理

由图 5.1 可知，管制员首先进入相关的疲劳风险识别系统，通过软件识别技术和模板匹配进行相关的疲劳检测，然后输出疲劳检测结果，再利用结果进行相关的疲劳风险评估，最后得到所需要的评估结果。

5.3　管制员疲劳风险评估过程

管制员疲劳风险评估源于 SMS 中的风险评估步骤，具体的评估过程如图 5.2 所示。

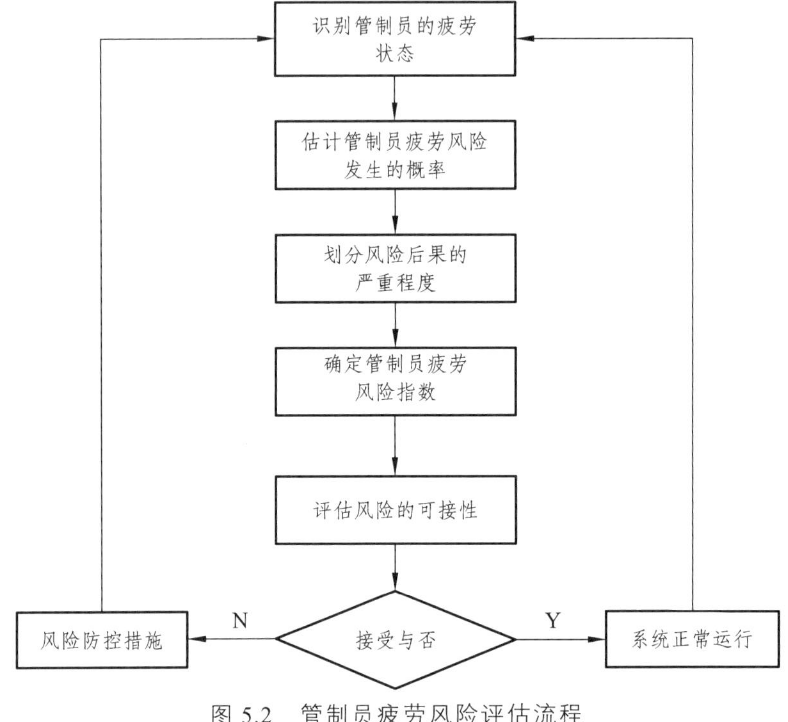

图 5.2　管制员疲劳风险评估流程

由图 5.2 可知，管制员疲劳风险评估首先需要识别管制员的疲劳状态（危险源），然后由疲劳状态值计算风险发生的概率，界定风险所导致后果的严重程度，确定疲劳风险指数，最后评估风险的可接受性，如不能接受则必须采取相应的风险防控措施，以保证系统的安全运行。

5.4　管制员疲劳风险评估方法

1）定性评估法

管制员疲劳危险源被识别之后，需要对该危险源所造成的风险水平进行评估，以判定风险是否处于可接受状态。管制员疲劳风险评估遵循 SMS 的原则（既要评估风险发生的概率，又要评估后果的严重性），即对疲劳危险可能造成的危害、设备损坏或损失进行评估，为提供有关风险管理的建议奠定基础。疲劳风险概率和严重程度的界定如表 5.1 和 5.2 所示。

在实际应用中，疲劳风险后果严重性界定表和概率评估标准的制定是随着运行环境和实际情况而变化的，因此没有固定的标准，标准也没有正误之分，但是不论确定的是什么样的标准，都必须符合实际并且有据可依。

表 5.1 疲劳风险概率界定

频率	含义	分值
经常	可能会发生很多次（曾频繁发生过）	5
偶然	有时候可能会发生（不曾频繁发生过）	4
可能性很小	存在发生的可能性（很少发生过）	3
不可能	很不可能发生（还未被发现发生过）	2
极不可能	几乎无法想象这种事件会发生	1

表 5.2 疲劳风险严重程度界定

严重程度	含义	分值
灾难性	多人死亡 设备损毁	50
危险	系统的安全裕度骤减、由于运行人员感到身体不适或工作负荷增大，以致不能再准确或高效地完成任务 重伤 重大设备损坏	40
严重	系统的安全裕度明显减少，由于工作负荷增加或因发生的情况损害了工作效率，运行人员应对特殊情况的能力降低 严重事故征候 人员受伤	30
轻微	麻烦事 运行限制 使用应急程序 轻微的事故征候	20
微不足道	无明显后果	10

ICAO 提出运用疲劳风险评估矩阵和风险容忍矩阵来评估疲劳风险的可接受程度，这也是风险评估定性分析方法中较为常见的方法之一，其具体的评估矩阵和容忍矩阵如表 5.3 和表 5.4 所示。

表 5.3 疲劳风险评估矩阵

风险概率		风险严重性				
		灾难性	危险	严重	轻微	微不足道
		A	B	C	D	E
经常	5	5A	5B	5C	5D	5E
偶尔	4	4A	4B	4C	4D	4E
可能性很小	3	3A	3B	3C	3D	3E
不可能	2	2A	2B	2C	2D	2E
很不可能	1	1A	1B	1C	1D	1E

表 5.4 风险容忍矩阵

建议的标准	风险评估指数	建议的标准
不可接受区	5A，5B，5C 4A，4B，3A	现有情况下不可接受
可容忍区	5D，5E，4C，4D	采取风险缓解措施后可以接受，可能需要管理层决策
	4E，3B，3C，3D	
	2A，2B，2C	
可接受区	3E，2D，2E，1A	可接受
	1B，1C，1D，1E	

2）定量评估法

（1）模糊数学法。

风险评估过程包括风险概率的计算和严重度划分，概率可以通过统计方式得到，严重度通过模糊数学计算方法（应用模糊关系合成的原理，将管制员疲劳风险影响因素定量化，通过确定权重和分值进行综合评估的方法）得到。如因素（可能包含子因素）A，B，C，D，E，…，对应的每个因素的分值就是 $\sum Z_A$，$\sum Z_B$，$\sum Z_C$，$\sum Z_D$，…，每个因素所对应的影响程度为 $W_A, W_B, W_C, W_D, W_E, \cdots$，每个因素的概率为 $P_A, P_B, P_C, P_D, P_E, \cdots$，定量风险值为 R，可以得到以下公式：

$$R_A = \sum Z_A \times W_A \times P_A$$
$$R_B = \sum Z_B \times W_B \times P_B$$
$$R_C = \sum Z_C \times W_C \times P_C$$
$$R_D = \sum Z_D \times W_D \times P_D$$
$$R_E = \sum Z_E \times W_E \times P_E$$
$$\vdots$$
$$M = R_A + R_B + \cdots + R_N \tag{5.3}$$

式中，M 表示所有影响因素的累加风险值，通过判定 M 的大小就可以评估系统的风险等级。

（2）D-S 证据理论法。

由文献[25]可知，D-S 证据理论是一种基于证据要素的不确定性推理方法，其原理是将系统中整个的证据要素集合（即识别框架）划分为若干个互不相关的子集部分 $\theta = \{\theta_1, \theta_2, \theta_3, \cdots, \theta_n\}$，然后对证据子集赋值，分析证据对原命题的支持程度，对信任度函数进行分配，最后通过数据融合进行正交运算求得概率分配函数。

（3）贝叶斯（Bayes）估计法。

贝叶斯估计法主要是对风险发生的概率进行估计，然后根据后果严重度求出风险值，设试验 E 的样本空间为 S，A 为 E 的事件，$B_1, B_2, \cdots, B_n$ 为 S 的一个划分子集，且 $P(A) > 0$，$P(B_i) > 0\ (i = 1, 2, \cdots, n)$，贝叶斯定理如下：

$$P(B_j / A) = \frac{P(B_j)P(A / B_j)}{\sum_{i=1}^{n} P(B_i)P(A / B_i)}, j = 1, 2, \cdots, n \tag{5.4}$$

式中：$P(A / B_j)$ 为在事件 B_j 条件下 A 的概率分布；$P(B_j)$ 为事件 B_j 的先验分布；$P(B_j / A)$ 为给定样本信息 A 后事件 B_j 的后验分布[38]。

（4）极值理论方法。

管制员疲劳导致风险发生这一事件属于低频高危型事件（小概率事件），采用试验统计的方法确定小概率事件的发生概率需要大量的试验样本作为研究依据，但极值理论可以在小样本量的情况下求出管制员疲劳风险这一小概率事件的发生概率。将那些决定管制员疲劳风险是否发生的疲劳状态参量定义为决定性参数，由于管制员疲劳程度越深其状态参量值越大，所以取参数的上限为研究对象，设管制员的疲劳状态参量为 x，当 $x_P \leqslant x < x_L$ 时，运行系统发生差错或事故征候，当 $x_L \leqslant x$ 时即发生事故。样本数量足够大（一个国家所有的管制员数量）时，可以确定出标准的 x_P，且 $\forall x_P < x_L$。决定性参数是否超出阈值是判别风险是否发生的主要准则，从概率论与数理统计的角度来说，决定管制员疲劳风险发生的状态参量超出疲劳阈值时的可能性，就是管制员疲劳风险发生的概率，即 $P(x)=P(x>x_P)$[39]。管制员的疲劳状态参量与系统发生风险的关系如图 5.3 所示。

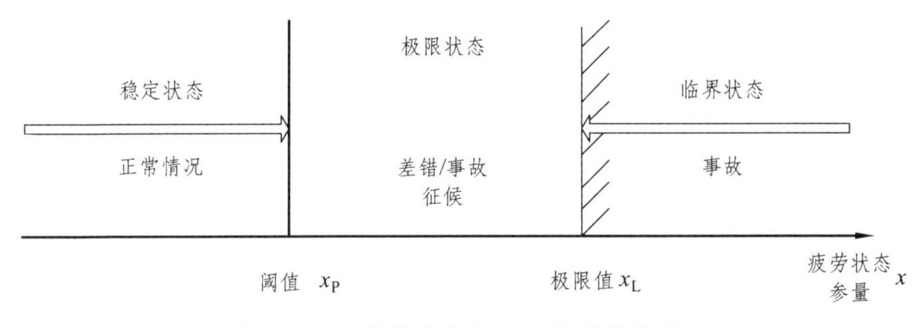

图 5.3 疲劳状态参量与系统风险关系

5.4.1 样本描述

在应用极值理论评估管制员疲劳风险概率之前，首先需要判定管制员疲劳状态的样本是否服从厚尾分布，这也是 GP 分布的充分条件，厚尾检验的本质是要确定样本总体是否服从或近似服从一种现有的分布情况，并且具有一定的厚尾特性。厚尾检验的方法有 Q-Q 图法和平均超量函数（MEF）法两种方法，由文献[49]可得 Q-Q 图法的原理为

$$\left\{\left(X_{k,n},F^{-1}\left(\frac{n-k+1}{n+1}\right)\right):k=1,2,\cdots,n\right\} \tag{5.5}$$

式中，$F^{-1}(x)$ 表示样本总体分布函数 $F(x)$ 的反函数，即分位数函数。以样本总体的分位数为横坐标，管制员的疲劳值为纵坐标，若散点所成图形与已知分布线相比呈现上凸偏离的趋势，则该样本数据属于厚尾分布。若呈现下凹偏离的趋势，则具有薄尾特征。若与已知分布线近似重合，则和已知分布为同一类型。由于 MEF 法也可以作为阈值确定的方法，因此在下节进行介绍。

5.4.2　阈值的确定方法

确定了样本属于厚尾分布之后，就可以应用极值理论来描述管制员疲劳样本尾部数据的分布形式，在利用 POT 模型评估疲劳风险概率之前，首先需要选择一个适当的阈值 u，然后通过比较获得一组管制员疲劳的超阈值样本数据，根据 Pickands-Balkema-de Haan 定理可知，只有当阈值 u 足够大时，$F_{[u]}(x) \approx G_{\mu,\beta,\zeta}(x)$ 才能成立，但是过高的 u 会减少超阈值样本的数量，从而影响参数估计的精度。因此合理选择阈值是构建管制员疲劳风险概率模型的重要前提，确定阈值的方法有 MEF 图法和 Hill 图法两种。

1）Hill 图法

设 $X_1, X_2, X_3 \cdots, X_n$ 是 n 个独立同分布的管制员疲劳样本随机变量，其顺序统计量为 $X_{1,n} \geqslant X_{2,n} \geqslant X_{3,n} \geqslant \cdots \geqslant X_{n,n}\ (X_{1,n} > 0)$，设该统计量的 Hill 估计为 $H_{k,n}$，且

$$H_{k,n} = \frac{1}{k}\sum_{j=1}^{k} j(\log X_{n-j+1,n} - \log X_{n-j,n}), 1 \leqslant k \leqslant n-1 \tag{5.6}$$

则由点集合 $\{(k, H_{k,n}); 1 \leqslant k \leqslant n-1\}$ 构成的图为 Hill 曲线图，确定阈值的关键在于曲线开始出现相对稳定区域所对应的起点，稳定点所对应的横坐标即为 k 的值，k 值所对应的序列为管制员疲劳值的序列，该序列点所对应的疲劳值即为阈值“u”。

2）MEF 法

该方法是基于 GP 分布的平均超量函数的性质得到的。由公式可得

$$e(u) = E(X-u \mid X > u) = \frac{\xi}{1-\xi}u + \frac{\beta}{1-\xi} \tag{5.7}$$

式中，$e(u)$ 表示阈值 u 的一个线性函数，设 $X_1, X_2, \cdots, X_{n_k}$ 是超过阈值的一组疲劳样本数据，n_k 是超阈值的样本个数，则平均超量函数 $e(u)$ 的样本估计为

$$\hat{e}(u) = \sum_{i=1}^{n_k}(x_i - u)/n_k \tag{5.8}$$

式中，$\hat{e}(u)$ 为 MEF 估计值，以 u 为横坐标，$\hat{e}(u)$ 为纵坐标画散点图。如果散点的分布近似为一条正斜率的直线或切线为正斜率的曲线，就说明这组超过阈值的管制员疲劳样本数据服从 GP 分布，横坐标对应的点就为 u 的值。如果散点图呈现向下倾斜的趋势，说明样本数据来源于尾部较短的分布。如果散点图的分布情况为水平均匀分布，说明样本数据属于指数分布[51-52]。

5.4.3 模型的参数估计

在确定了阈值后，需要对 POT 模型中的参数进行估计，目前比较常用的方法有极大似然估计、矩法估计、概率权重矩法估计等，但极大似然估计以其计算简便，准确性高而被广泛使用，本书也采用该方法对模型参数进行估计。

设 Y_i 是一组超过阈值的管制员疲劳样本随机变量，共有 n_k 个，将变量按从大到小的次序排列，则有 $Y_i(Y_1 \leqslant Y_i \leqslant Y_{nk})$ 属于 GP 分布并且满足该分布的性质，设随机变量的分布函数为 $G(y,\xi,\beta,\mu)$，可得到这组超阈值随机变量的概率密度函数：

$$g(y,\xi,\beta,\mu)=\begin{cases}\dfrac{1}{\beta}\left(1+\xi\dfrac{y-\mu}{\beta}\right)^{-1/\xi-1}, & \xi\neq 0\\ \dfrac{1}{\beta}^{e^{-y-\mu/\beta}}, & \xi=0\end{cases} \tag{5.9}$$

其对数似然函数表达式为

$$\ln L(y_1,\cdots,y_{n_k};\xi,\beta,\mu)=\begin{cases}-n\ln\beta-(1/\xi+1)\sum\limits_{i=1}^{n_k}\ln(1+\xi(y_i-\mu)/\beta), & \xi\neq 0\\ -n\ln\beta-1/\beta\sum\limits_{i=1}^{n_k}y_i-\mu, & \xi=0\end{cases} \tag{5.10}$$

令 $\dfrac{\partial L}{\partial\xi}=0$，$\dfrac{\partial L}{\partial\beta}=0$，$\dfrac{\partial L}{\partial\beta}=0$，解方程组即可得到参数 ξ，μ 和 β 的极大似然估计值的表达式为

$$\begin{cases}\xi=\dfrac{\dfrac{1}{n_k}\sum\limits_{i=1}^{n}(y_i)_+^2-\dfrac{2}{n_k^2}[\sum\limits_{i=1}^{n}(y_i)_+]^2}{\dfrac{2}{n_k}\sum\limits_{i=1}^{n}(y_i)_+^2-\dfrac{2}{n_k^2}[\sum\limits_{i=1}^{n}(y_i)_+]^2}\\ \mu=\dfrac{\sum\limits_{y_i>0}(k+\xi y_i-\xi_u)(k+\xi y_i-\xi u-mk+m\xi u)}{\xi\sum\limits_{y_i>0}m(k+\xi y_i-\xi u)}\\ \beta=k+\dfrac{\sum\limits_{y_i>0}(k+\xi y_i-\xi u)(k+\xi y_i-\xi u-mk+m\xi u)}{\xi\sum\limits_{y_i>0}m(k+\xi y_i-\xi u)}-\xi u\end{cases} \tag{5.11}$$

其中，$(y_i)_+ = Y_i - u$，$m = \left(\frac{n_k + 1}{n}\right)^{-\xi}$，$k = \frac{1-\xi}{n_k}\sum_{i=1}^{n}(y_i)_+$，$n_k$ 为超过阈值的样本个数[53]。

5.4.4 风险概率评估模型

由上节的分析可知，在 $x > u$ 的条件下管制员疲劳超阈值的经验分布为 $1-F(u)$，研究表明，如果 n 为管制员疲劳观测值的总数量，超过阈值的数量为 n_k，则 $1-F(u)$ 的估计值为

$$1 - F(u) = n_k / n \tag{5.12}$$

由公式（4.13）和公式（4.14）可得到管制员疲劳超阈值损失分布函数为

$$F(x) = \begin{cases} 1 - \frac{n_k}{n}\left(1 + \xi\frac{x-u-\mu}{\beta}\right)^{-1/\xi}, & \xi \neq 0 \\ 1 - \frac{n_k}{n}\exp\left(-\frac{x-u-\mu}{\beta}\right), & \xi = 0 \end{cases} \quad (x \geqslant u) \tag{5.13}$$

由概率之和为 1 的原理和 GP 分布的性质得到小于阈值的管制员疲劳样本损失分布函数为

$$F(x)' = \begin{cases} \frac{n_k}{n}\left(1 + \xi\frac{|x-u|-\mu}{\beta}\right)^{-1/\xi}, & \xi \neq 0 \\ \frac{n_k}{n}\exp\left(-\frac{|x-u|-\mu}{\beta}\right), & \xi = 0 \end{cases} \quad (x < u) \tag{5.14}$$

由于本书所研究的只是管制员疲劳这个单一的危险源，因此上述所得到的是管制员疲劳超阈值可能造成个人发生不安全事件（风险）的损失分布函数，而针对整个运行系统的角度而言，依据经验分布的统计值，需将由 POT 模型所求的概率值乘以 10^{-2},才能与空管系统其他危险源所导致的风险概率统一标准，实现疲劳风险的综合评估。由于管制员疲劳超阈值损失分布函数可以估计疲劳所导致风险发生的概率,设 R 表示管制员疲劳导致系统发生风险这一事件，由公式（4.23）和公式（4.24）可得管制员疲劳超阈值风险概率模型为

$$P(R|x \geqslant u) = \begin{cases} \left[1 - \frac{n_k}{n}\left(1 + \xi\frac{x-u-\mu}{\beta}\right)^{-1/\xi}\right] \times 10^{-2}, & \xi \neq 0 \\ \left[1 - \frac{n_k}{n}\exp\left(-\frac{x-u-\mu}{\beta}\right)\right] \times 10^{-2}, & \xi = 0 \end{cases} \tag{5.15}$$

同理可得，小于阈值的疲劳风险概率模型为

$$P(R|x<u)=\begin{cases}\dfrac{n_k}{n}\left(1+\xi\dfrac{|x-u|-\mu}{\beta}\right)^{-1/\xi}\times10^{-2},\ \xi\neq0\\[2ex]\dfrac{n_k}{n}\exp\left(-\dfrac{|x-u|-\mu}{\beta}\right)\times10^{-2},\quad \xi=0\end{cases}\tag{5.16}$$

式中，n 为管制员疲劳观测值的总数量；n_k 为超过阈值 u 的样本数量；β 为尺度因子；ξ 为形状参数；μ 为位置参数[54-55]。

5.4.5 模型的有效性检验

由于管制员疲劳值属于定序尺度样本数据。因此本书采用（Kolmogorov-Smirnov，K-S）拟合优度检验的方法对模型进行验证，其原理如下。

假设管制员疲劳不安全事件的经验分布函数为 $F_n(x_{(i)})=i/n$，$\widehat{F}(x)$ 为拟合函数，那么拟合优度的评估就是 F_n 和 $\widehat{F}(x)$ 函数之间的某种度量值。设 K-S 的统计量为 D_n，由于 D_n 是所有 x 值中 $F_n(x)$ 和 $\widehat{F}(x)$ 之间最大的距离[56]，则

$$D_n=\max(D_n^+,D_n^-)\tag{5.17}$$

$$D_n^+=\max_{1\leqslant i\leqslant n}\left\{\frac{i}{n}-\widehat{F}(x_{(i)})\right\},\quad D_n^-=\max_{1\leqslant i\leqslant n}\left\{\widehat{F}(x_{(i)})-\frac{i-1}{n}\right\}\tag{5.18}$$

假设“H_0：超阈值量样本 $X=(x_1,x_2,x_3,\cdots,x_{nk})$ 服从由 cdf 指定的分布 $F_{[u]}(x)$”，对分布函数进行显著性水平为 α 的 K-S 检验，其中 cdf 是一个两列的矩阵，第一列为超过阈值的管制员疲劳样本，第二列为超阈值样本所服从的 GP 分布函数值，其在 MATLAB 中的输入形式为：[h, p, ksstat, cv]=kstest（x, cdf, alpha, tail），tail 为缺省值。

在拟合优度检验之后，可通过检验样本与 GP 分布的拟合程度判定模型的有效性，文献提出可依据以下四种图形判断拟合效果：

（1）超阈值样本拟合分布图。超过阈值[illegible]的样本值所对应的截尾分布函数，与 GP 分布函数相比较，如拟合程度越高，则说明超阈值样本越服从 GP 分布。

（2）样本总体概率密度图。由公式（4.10）可得到样本的概率密度图，与 GP 分布的概率密度图相比如分布越相近，表示样本与 GP 分布的拟合程度越高。

（3）残差分布图。基于有限个超阈值样本的统计，假设样本为 $x_i(i=1,2,3\cdots,62)$，$E(x)$ 为样本的算术平均值，则超阈值分布的残差 $v_i=x_i-E(x)$，残差的个数与样本超阈值量数据的个数相等，残差分布图表示样本观测值与拟合值的偏差程度。

（4）残差 Q-Q 图。在给定的显著性水平 $\alpha=95\%$ 时，如果残差 Q-Q 图的散点大致分布在标准正态分布线上，则样本总体服从正态分布；如果多数散点在正态分布线上方，则样本具有厚尾特征，超阈值样本服从 GP 分布。

5.5 管制员疲劳风险后果严重度划分

根据《中国民用航空空中交通管理规则》规定，按严重程度的大小可将空管不安全事件界定为事故、严重事故征候、一般事故征候、严重差错、差错 5 个级别。由于管制员疲劳风险低频高危的特点，将管制员疲劳不安全事件的发生频率等价看成是管制员疲劳风险的发生概率，其疲劳不安全事件的分类情况就与风险后果的严重程度相对应，得到管制员疲劳风险后果严重度划分结果如表 5.5 所示。

表 5.5 管制员疲劳风险后果严重度划分

疲劳不安全事件分类	严重程度	含义	分值
事故	灾难性	对航空器的运行造成灾难性的影响，可能造成人员死亡和财产损失，或飞机失事等	s_1=50
严重事故症候	危险	运行系统的安全裕度骤减、管制员存在强烈的累积疲劳感受，以致不能再准确或完整地完成任务，可能造成人员重伤和重大设备损坏	s_2=40
一般事故症候	严重	运行系统的安全裕度明显减少，由于工作负荷增加或特殊情况的出现降低了管制员的工作效率，其特情处置能力降低，可能造成人员受到安全威胁或设备损坏	s_3=30
严重差错	轻微	造成运行限制，使用应急程序，影响运行效率	s_4=20
一般差错	微不足道	可能是管制员个人的工作失误，但不对运行效率和安全造成影响，无明显后果	s_5=10

5.6 管制员疲劳风险指数

为量化管制员的疲劳风险，本书引入管制员疲劳风险指数（Fatigue Risk Index，FRI）的概念，管制员疲劳风险指数是描述管制员个人由于疲劳所引发的系统风险的量化刻度，即造成系统发生风险损失的大小，相当于风险损失值。它由管制员疲劳风险的发生概率（P）和管制员疲劳风险后果严重程度（S）共同决定。由于 POT 模型所得是疲劳风险的累积概率，没有明确不同风险后果严重程度所对应的概率值，故本书采用风险后果累积严重程度值来反映管制员的疲劳风险指数，即

$$S=\sum_{i=1}^{5}s_i=150\ (i=1,2,3,4,5)$$

式中：S 表示管制员疲劳风险后果严重程度累积值。

根据公式（4.28）、（4.29）、（5.2），可得管制员疲劳风险指数的计算公式为

$$FRI=\begin{cases}P(R|x\geqslant u)\times S=1.5-\dfrac{93}{183}\left(1+0.079\ 8\dfrac{x-4.03-0.438\ 9}{1.108\ 1}\right)^{-1/0.079\ 8}\\ P(R|x<u)\times S=\dfrac{93}{183}\left(1+0.079\ 8\dfrac{|x-4.03|-0.438\ 9}{1.108\ 1}\right)^{-1/0.079\ 8}\end{cases}\tag{5.19}$$

当管制员的疲劳程度值小于某一值时（该值由阈值决定），虽然存在疲劳感受但是不会造成风险。随着管制员疲劳程度的逐渐增加，疲劳所引发的风险也随着增大，并且呈现出类似于指数增长的趋势，这也与管制员大多属于累积疲劳有关，当疲劳累积到一定程度之后，伴随着出现“睡岗”、“暂时性失能”或“瞬时记忆缺失”等现象，其所造成的风险呈现急剧增大的趋势，在实际运行中这也是需要严加防范的地方。

由于管制员疲劳风险评估是一个涉及多方面因素的复杂过程，而风险指数集中反映了管制员疲劳所导致风险损失的程度，结合第二章疲劳等级的划分标准和 ICAO 给出的风险容忍矩阵，得到管制员疲劳风险等级评定参考依据如表 5.6 所示。

表 5.6 管制员疲劳风险等级评定参考依据

管制员疲劳值	疲劳状态	风险指数	风险等级	风险可接受性
$F\leqslant 1$	不疲劳	$FRI\leqslant 0.1$	—	可接受
$1<F\leqslant 4.03$	轻微疲劳	$0.1<FRI\leqslant 0.75$	Ⅰ级	可接受
$4.03<F\leqslant 9$	中等疲劳	$0.75<FRI\leqslant 1.4$	Ⅱ级	可容忍
$F>9$	严重疲劳	$FRI>1.45$	Ⅲ级	不可接受

由表 5.6 可知，管制员在轻微疲劳和不疲劳的状态下，其疲劳风险指数非常低，完全处于可接受的状态。而对于中等疲劳程度，其风险等级为 II 级，因此系统存在一定的风险，需要采取疲劳缓解措施和实施风险防控方案，同时风险防控需要耗费资源和成本，因此也需要管理层作出明确的决策。当疲劳风险指数大于 1.45 时，风险是不可接受的，从决策层到一线管制员都必须同步进行风险防控，并不断反馈和检查，才能保证整个运行系统的安全和效率。

5.7 案例分析

基于上述的分析，假设以获取一组管制员疲劳相关数据，具体分析过程如下。

5.7.1 样本厚尾性检验

由 5.4.1 节的分析可知，在利用 Q-Q 图法对样本进行厚尾性检验之前，首先需要利用 SPSS 软件对管制员疲劳值数据进行初始分析，得到管制员疲劳样本的描述性统计结果如表 5.7 所示。

表 5.7 管制员疲劳样本的描述性统计结果

<table>
<tr><th colspan="3">统计参量</th><th>统计结果</th><th>标准错误</th></tr>
<tr><td rowspan="14">管制员疲劳样本值</td><td colspan="2">平均值</td><td>3.593 918</td><td>0.109 966 7</td></tr>
<tr><td rowspan="2">平均值的 95%置信区间</td><td>下限值</td><td>3.377 910</td><td></td></tr>
<tr><td>上限值</td><td>3.811 536</td><td></td></tr>
<tr><td colspan="2">5%截尾平均值</td><td>3.520 695</td><td></td></tr>
<tr><td colspan="2">中位数</td><td>3.590 801</td><td></td></tr>
<tr><td colspan="2">方差</td><td>2.210</td><td></td></tr>
<tr><td colspan="2">标准偏差</td><td>1.487 602</td><td></td></tr>
<tr><td colspan="2">最小值</td><td>0.948 9</td><td></td></tr>
<tr><td colspan="2">最大值（X）</td><td>9.907 9</td><td></td></tr>
<tr><td colspan="2">范围</td><td>8.768 0</td><td></td></tr>
<tr><td colspan="2">四分位距</td><td>1.537 4</td><td></td></tr>
<tr><td colspan="2">偏度</td><td>0.772</td><td>0.180</td></tr>
<tr><td colspan="2">峰度</td><td>3.872</td><td>0.357</td></tr>
</table>

由表 5.7 可得，标准偏差为 1.487 6，偏度为 0.772，表明样本数据呈现右偏趋势。峰度大于 3 表明样本数据呈现一定的尖峰厚尾状态。5%截尾平均值与样本均值的差值小于标准错误值，表明样本总体的统计特征良好，其具有一定的厚尾趋势，适合作为极值样本使用。

根据公式得到管制员疲劳样本 Q-Q 检验结果如图 5.4 所示。

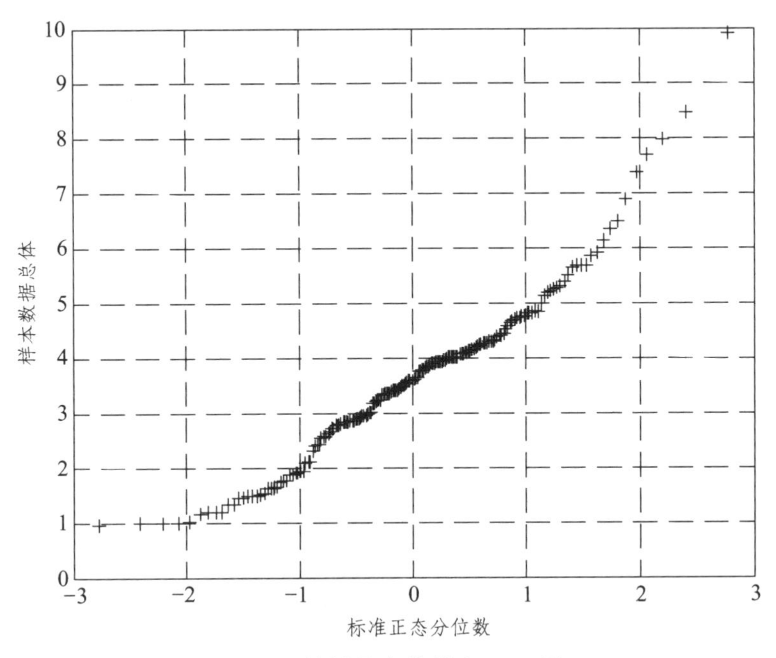

图 5.4　管制员疲劳样本 Q-Q 图

由图 5.4 可得，管制员疲劳样本数据总体趋于正态分布但并不完全服从正态分布，和正态分布相比，Q-Q 图中样本点在观测值为 4 附近呈现向上线性倾斜，并且尾部数据分布在正态分布线的上方呈现上凸趋势，说明尾部数据满足厚尾分布的特征。

5.7.2　阈值确定及参数估计

本书综合 Hill 图和 MEF 图确定阈值，由上述的分析过程可得如图 5.5 所示的 Hill 图。

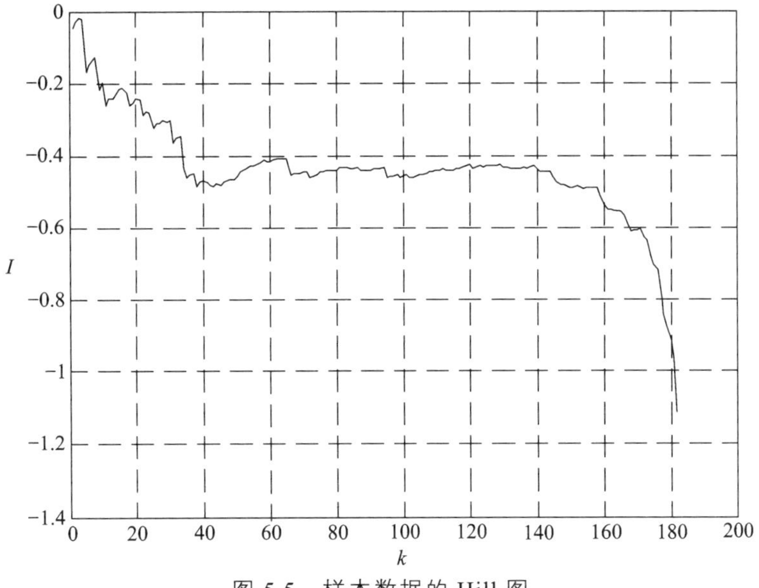

图 5.5 样本数据的 Hill 图

由 Hill 图可知，当 k 值在 70 左右时，Hill 曲线所对应的 H 值趋于平稳，即阈值 u 的初始范围为[3.99, 4.04]，但不能够确定准确的阈值，所以在 Hill 图法的基础上，用 MEF 法计算出不同阈值的平均超量余值，通过对比确定出最终的阈值，由公式可得 MEF 法的计算结果如图 5.6 所示。

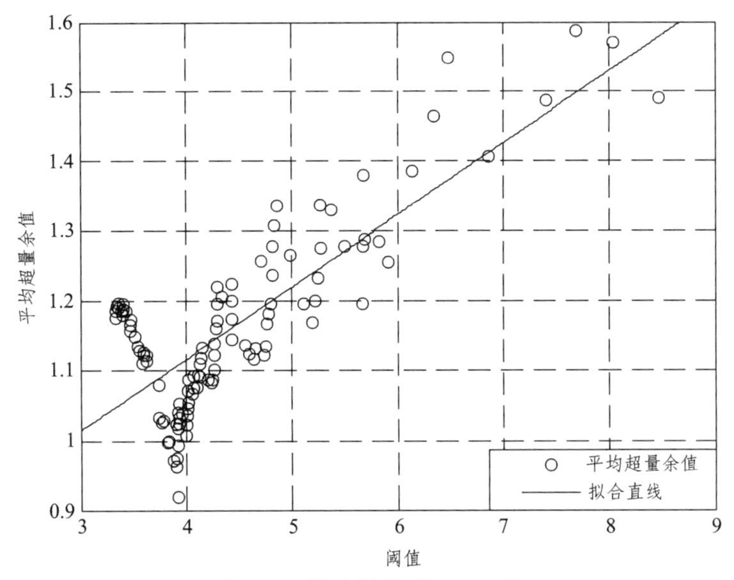

图 5.6 样本数据的 MEF 图

由图 5.6 可知，当阈值在[4.0, 4.06]区间时，平均超量余值点分布的图形呈一条正斜率的直线，且余值点基本均匀分布在直线两侧，说明超过这一阈值的管制员疲劳值样本服从 GP 分布，再结合 Hill 图的阈值范围可得，当阈值在 4.03 左右时，MEF 分布图形中除极少数点外其他点都存在明显线性关系且正斜率变化的趋势，因此确定阈值 u =4.03。

由此可得参数估计值，利用 MATLAB 编程求出方程组的数值解，其中管制员疲劳样本总数量 n =183，超过阈值 u 的个数 $n_k=62$，计算得到各参数估计值如表 5.8 所示。

表 5.8　参数估计结果

参数	形状参数 ξ	尺度因子 β	位置参数 μ
估计值	0.079 8	1.108 1	0.438 9

由表 5.8 可得，形状参数 $\xi<1$，则超阈值样本所服从的 GP 分布存在一阶矩，样本的超量余值函数存在，说明由极大似然估计法所得到的参数值准确性较高。

5.7.3　风险概率的计算结果

由于超阈值样本属于厚为分布，且 $\xi=0.498\ 5\neq 0$，结合公式以及表 5.8 的参数估计值，得到管制员疲劳风险概率计算公式为

$$P(R|x\geqslant u)=\left[1-\frac{62}{183}\left(1+0.079\ 8\frac{x-4.03-0.438\ 9}{1.108\ 1}\right)^{-1/0.079\ 8}\right]\times 10^{-2} \tag{5.20}$$

$$P(R|x<u)=\left\{\frac{62}{183}\left(1+0.079\ 8\frac{|x-4.03|-0.438\ 9}{1.108\ 1}\right)^{-1/0.079\ 8}\right\}\times 10^{-2} \tag{5.21}$$

由公式（5.20）和（5.21）得到管制员疲劳样本所导致风险发生的概率结果如图 5.7 所示。

由图 5.7 可知，随着管制员疲劳程度的增加，风险发生的概率随之增大。当疲劳值在[3, 7]的范围时，其疲劳风险概率呈现指数增长趋势，当管制员的疲劳值接近于 10 时，其疲劳风险发生的概率值接近于 0.01，大于经验分布的概率值。对于管制员疲劳这一单个的危险源来说，其所发生风险的概率是差错、严重差错以及一般事故症候、严重事故症候和事故等不安全事件的累积概率，即 0.01 的风险概率也会对系统的安全运行造成较大的影响。

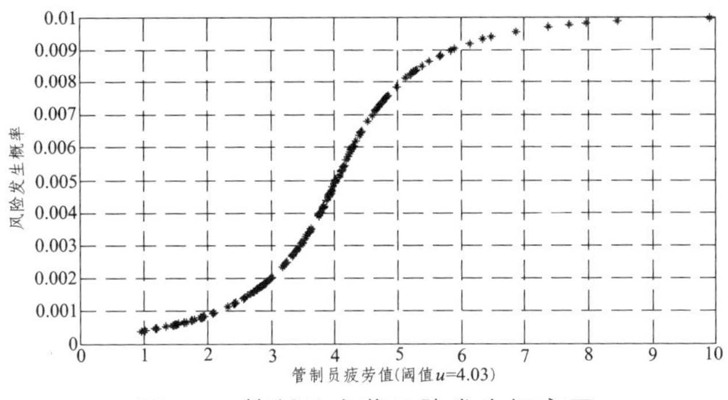

图 5.7 管制员疲劳风险发生概率图

5.7.4 K-S 拟合优度检验

由 5.4.5 节的分析得到，分布的 K-S 拟合优度检验结果如表 5.9 所示。

表 5.9 K-S 拟合优度检验结果①

输出参数	*h*	*p-value*	*ksstat*	*cv*
检验值	0	0.135 4	0.279 5	0.294 1

表 5.9 中 $ksstat<cv$，故样本没落入拒绝域中，从而接受 H_0，即 $h=0$，即表示管制员疲劳超阈值样本服从 GP 分布。由 4.3.5 节中对于 GP 分布的拟合检验图的分析，得到具体的检验结果如图 5.8、图 5.9、图 5.10 和图 5.11 所示。

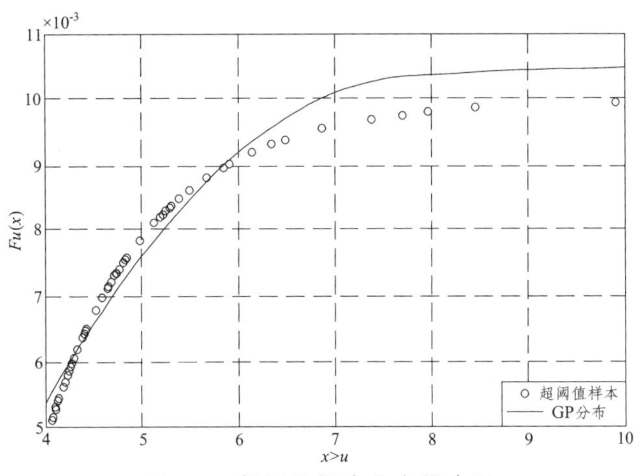

图 5.8 超阈值样本分布拟合图

① 表中 *h* 表示假设状态，*p-value* 表示概率值，*ksstat* 表示检验统计量的值，*cv* 表示拒绝域的临界值。

从图 5.8 可知，超阈值样本分布情况与 GP 分布的拟合程度较高，仅有最后几个样本散点与拟合曲线存在较大的偏离，但并没有对样本整体的拟合情况造成影响。

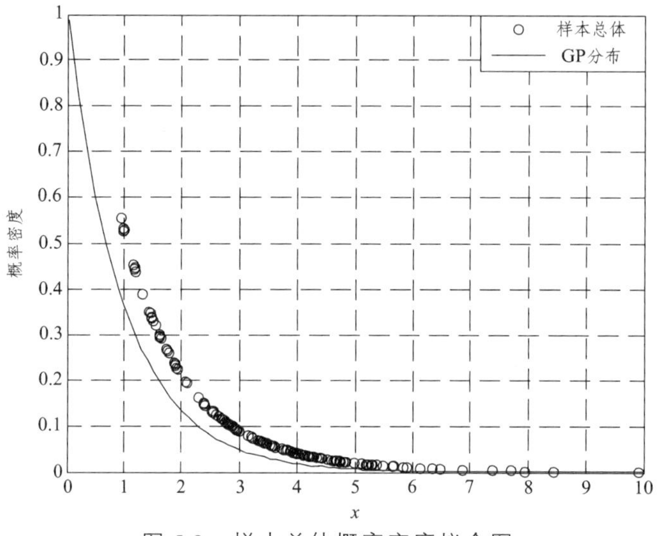

图 5.9　样本总体概率密度拟合图

由图 5.9 可知，当疲劳值小于阈值（ $u=4.03$ ）时，样本总体的概率密度图和 GP 分布相离程度大，拟合程度较低，当疲劳值超过阈值时，分布的拟合程度逐渐增加，最后的尾部数据基本完全拟合。

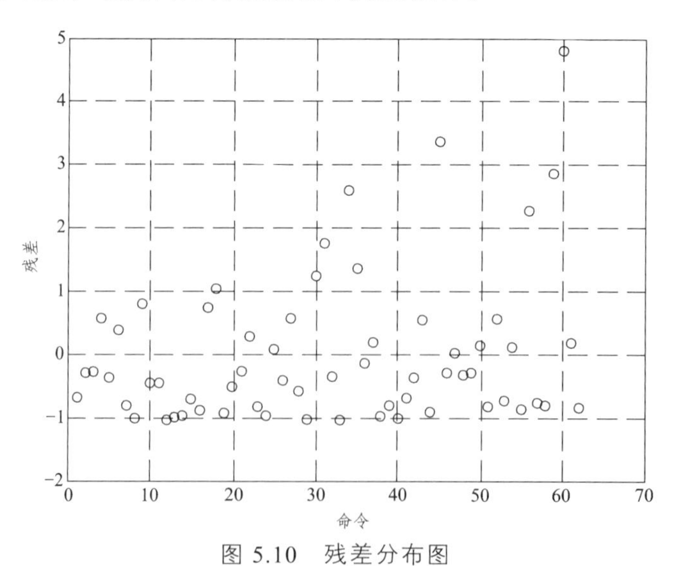

图 5.10　残差分布图

由图 5.10 可知，超阈值样本的残差大多数都分布在[-1, 1]，只有极少数的样本偏离程度大于 2，综合说明样本总体的逼近值与拟合值的偏离程度较小。

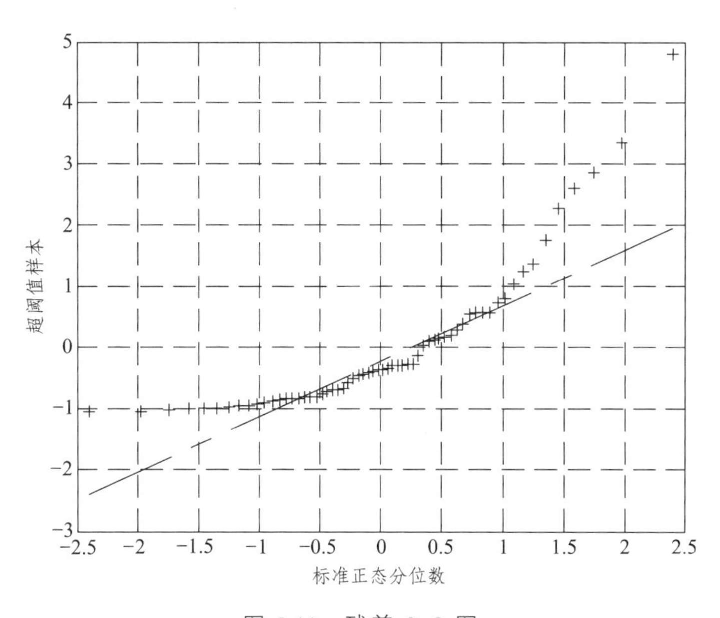

图 5.11 残差 Q-Q 图

由图 5.11 可知，超阈值样本散点非均匀分布在标准正态线两侧，且上方偏差较大下方偏差较小，说明样本不属于正态分布而具有较强的厚尾特征，即超阈值样本服从 GP 分布。

综上所述，由拟合检验结果图可知，超过阈值的管制员疲劳样本与 GP 分布的拟合程度高，可近似看成样本总体服从 GP 分布，由此可知管制员疲劳超阈值损失分布函数模型能够很好地估计管制员疲劳风险发生的概率，同时拟合检验图也说明阈值的选取比较合理，模型的精度较高。

5.8 小 结

本章介绍了管制员疲劳风险评估的原理、方法、过程，管制员疲劳风险评估与安全管理体系中其他风险评估类似，首先确定了风险评估是一个系统性评估过程，然后基于 ICAO 发布的疲劳风险实施指南的相关规定，介绍了管制员疲劳风险管理的相关方法，最后阐述了管制员疲劳风险评估的基本过程，提出了疲劳风险指数，为疲劳风险的定量评估提供参考依据。

6　管制员疲劳风险防控措施

6.1　管制员疲劳风险防控流程

管制员疲劳风险防控主要是管制员疲劳的控制，是面向未来的控制，是在疲劳风险识别和评估的基础上，有针对性地降低管制员疲劳风险的措施，并根据这些措施制定贴近实际的疲劳风险控制方案。在实际应用中，可根据实际情况结合实时控制和反馈控制进行策略实施。

根据管制员疲劳风险的特点，设计如下疲劳风险防控实施流程（图 6.1）：首先由管制员疲劳风险监管机构发出疲劳风险监控指令，接着整个疲劳风险监控系统开始启动。依据前面章节 SHEL 模型对于管制员疲劳风险的分析，对 L 因素、L-L 因素、L-S 因素、L-E 因素、L-H 因素五个方面构成的管制员疲劳风险评价指标因素进行具体分析，评价各指标的具体实际状况，评价之后确定对所研究问题的关键影响要素，进而综合判断所研究问题的实际状况，如其处于理想范围之内，则通过反馈返回到系统之初继续进行实时监管；如果疲劳风险评价结果超出允许范围，则需要从系统整体入手分析原因，选取有效的控制方法，实施风险控制。当然，为了验证是否达到控制目标，还需要把控制结果反馈到监控系统之中进行验证。

值得注意的是，疲劳不容易被发现，监测对象表面看似正常状态，但一些因素已经严重影响疲劳状态。因此，整个系统的监管部门显得格外重要，需要他们对所研究问题的影响要素进行认真监测、识别、诊断。安全是一个相对概念，各指标因素可能随着环境的变化而严重影响疲劳，造成事故症候或事故。整个管制员疲劳风险控制方法需要不断地循环监控与实施，旨在尽早发现潜在威胁因素，把疲劳控制在允许范围之内，防患于未然。

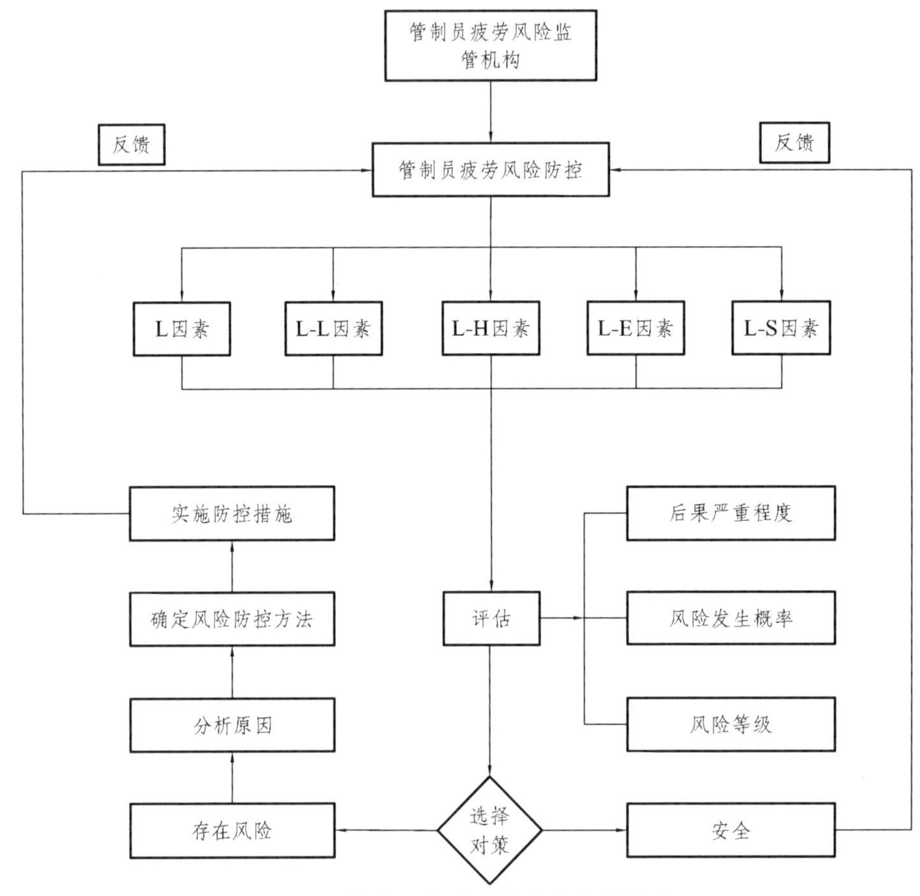

图 6.1　管制员疲劳风险防控实施流程

6.2　管制员疲劳风险防控措施

6.2.1　自身健康

1）生活习性

管制员要以积极的心态面对压力。管制员通常都会直接面对压力，迎难而上，着手解决困扰。如果采取消极思想策略，回避压力，不但不利于压力的缓解，还可能产生敌意的心理，所以管制员上岗前要预先认识到压力源，对将要面临的飞行流量、天气、空军活动等复杂程度要心中有数，再以积极的心态投入工作，才能有效降低心理压力。管制员作为预防疲劳不安全事件的主体，应该充分认识管制疲劳的危害性和实施主动防止疲劳工作的措施，上班前保证充分睡眠，下席位后适当休息，下夜班后及时补觉，尽可能保证每天 7 ~ 8 小时的睡眠时间。睡眠是消除疲劳的重要手段，在大强度的工作后，睡眠能比较及时和有效地缓解疲劳。由于管制员经常上夜班导致生物节律被破坏，管制员作为主体及时调整自身状态是十分有必要的。疲劳具有累积效应，如果疲劳未完全恢复而带进下一段的工作中，会对工作产生一定的影响。睡眠的补充并不足以完全消除疲劳，过多的睡眠也不利于疲劳的恢复，所以适当的运动对于调节人体机能、提高人体免疫力有所帮助。充分的有氧运动可以促进人的新陈代谢，有助于消除疲劳。保持良好的生活规律和睡眠习惯，调整心理状态，始终保持积极向上的精神面貌和乐观的处事态度，可以减少心理疲劳和生理疲劳，有利于管制工作。

2）年龄与健康

现有的研究文献显示，年龄的增长对于管制员疲劳的影响有：① 应付工作疲劳的能力下降，工作中更易于产生困乏感；② 生物钟随着年龄增长而失去弹性，造成睡眠障碍（失眠、很难入睡等）；③ 处理复杂任务的能力下降，包括注意力、记忆力、快速反应能力、认知能力等工作效能下降。

随着空中交通管制操纵环境的不断改进、有经验的空中交通管制人员的短缺以及生活水平和医疗技术的提高，空中交通管制人员的退休年龄标准受到挑战。然而，人的健康、体能、反映的敏捷程度等方面的水平随年龄增长而下降，这是一个不可抗拒的自然规律。根据美国统计，36 ~ 50 岁年龄段的通用航空管制员的事故率是 22 ~ 35 岁的两倍，事故率最低的年龄段是 25 ~ 30 岁。另一方面，随着年龄的增长，空中交通管制经验不断丰富，临危处置的心理素质成熟。因此，在保障飞行安全的前提下，科学地分析空中交通管制人员的具体情况，在健康、年龄、经验等方面做出平衡的抉择。

3）管制员自身调节

存在睡眠疾病（如睡眠缺氧、睡眠障碍）的管制员，应该接受医学审查，他们可能成瘾且睡眠问题恶化。良好的健康水平有利于延缓疲劳和改善睡眠品质，应鼓励管制员关注自身健康。

管制员要学会自我调节，加强工作进取心和工作兴趣，克服消极情绪，积极参加一些有益的活动和体育锻炼，丰富自己的业余生活；管制员要充分安排好业余时间的活动，绝对保证上班前 8 小时内的休息；管制单位要充分保证管制员的公休假得以正常休息。

考虑到睡眠惯性对工作效能的影响，应该明令禁止管制员在工作席位上小睡；管制员在小睡醒来之后不应马上投入工作，特别是复杂任务的工作；应该从睡眠惯性风险的管理角度进一步细化小睡规定。

总之，管制工作是一个强脑力劳动，降低疲劳、提高工作效率需要各方面力量的理解与支持，同时，也需要每一位管制员加强对自身的了解和把握。只有从这些点滴小事做起，安全工作才能真正落到实处。

6.2.2 人员培训

1）人员选择

民航运输业的快速发展，引起对空管人员需求的增加。挑选和培养空中交通管理人员，不仅在思想品德、身体健康、文化知识、综合素质等方面有极其严格的要求，更重要的是还要对他们进行综合、科学和有效的各种技能培训。培养一个出色的空中交通管制人员需要很长的时间和很高的代价。空中交通管制人员是保障空中交通安全和有效运行的宝贵财富，因此选拔和培养优秀空中交通管制人员，是空中交通管理长期发展战略的重要组成部分。

空中交通管制服务是通过管制员来实现的，提高管制员自身素质和业务素质是避免人为因素的重要方法。现在中国民航逐步形成了养成培训、资格培训和提高培训的三级培训体制。但是，地区不同，空域不同，管制方法和手段不同，培训后所产生的结果截然不同，因此航线结构不同。解决如何通过培训摆脱“师傅怎么教，徒弟怎么做”的传统，有效地避免由于人为失误而造成的管制事故的问题成为当务之急。

2）岗位培训

见习管制员由管制教员负责岗位培训，区域间隙主任管制员由区域主任教员负责岗位培训，运行主任室主任教员负责间隙主任的岗位培训，中心主任负责所有岗位及室主任的岗位培训。根据空中交通管制工作的特性，建议建立的相互负责的空中交通管制员岗位培训体系，实行以人为本的动态培训。动态培训是企业培训由传统的讲授式课堂教学这种拉动的策略，转向以团队联系、群体工作、情景模拟和动态培训督导为主要方式的推动策略。动态培训的基本模式有野外拓展训练、参观访问、案例分析、游戏和模拟训练。动态培训以尊重人性为基础，重视创造能力、凝聚力的提高和潜质的开发，使空中交通管制员在训练中自我管理、自我控制和自我发展。

（1）通过模拟训练强化技能，增强应变能力。模拟训练法是使参加者身处模拟的日常工作环境之中，按照实际应有的权责，担当仿真的角色，模拟性地处理事物。模拟训练法是各地空管部门培训管制员所采用的主要方法，但由于受到计算机软件、人员等因素的限制，仿真度偏低或不能模拟工作环境及条件，对提高管制员的业务技能作用不明显。除了改善设备和提高教员素质，在现有条件下，训练后由教员组织讨论，对学员的沟通技巧、介绍方法、演习效果、应变能力及业务知识等进行衡量与评价，学员可能受到十分尖锐的批评，却因此得到提高。

（2）通过案例分析，提高管制员决策判断能力。案例分析是针对待定问题，向管制员展示真实背景，提供大量材料，独立分析问题，提出解决问题的方法，使管制员掌握认识、分析与解决问题的基本技艺和思路，从而提高他们的决策能力。由于案例本身必须具有一定的情节，同时要涵盖需要解决的问题及背景信息，因此既具有故事性，又对本职工作中避免类似事件的发生起到预防作用。

（3）通过参观访问，知彼而后知己。有组织、有计划地选派管制员到有特色并值得学习的有关管制单位去参观访问，这也是一种动态培训方式。参观后管制员在分析兄弟单位管制指挥特点的基础上，提出对本单位有用的新思想。

（4）通过举办活动，改善人际关系，增强团队精神。空中交通管制工作除需要个人潜能外，更重要的是团队精神，只有班组各成员齐心协力，团结一致，才能保证飞行安全师。因此，定期举办一些有益于身心健康的游戏、活动，让管制员更好地理解群体生活的过程中，消除疲劳和心理压力，改善人际关系，对保证安全都非常有利。

3）技能与经验

培养一个优秀的空中交通管制人员一般需要数年时间。这要求空中交通管制人员不仅具备娴熟的技术，而且具备一定的经验和经历。空中交通管制人员的技术和经验，需要经历“培训-上岗-再培训”这种周期性的过程来积累和提高。因此，空中交通管制人员的定期学习、定期培训、定期模拟训练，结合实际，以及有组织地经常性空中交通管制讲评与事故分析等经验交流活动，是提高空中交通管制人员技能和增加经验的有效方法。

6.2.3 设施设备

1）设备自动化

消除空管自动化程度的提高对飞行安全带来的负面效应，必须将空管自动化系统的自身功能加以完善，首先应该保证管制员在使用空管自动化系统进行管制工作时，能够保持足够的工作刺激量。航空学者们类比管理学中激励作用的概念,对自动化程度的提高而带来的工作单调乏味做出了许多研究。他们指出，自动化程度的提高会降低传统空管工作压力而带来的刺激，这种低刺激是产生空管工作压抑感的一种源泉，当然过高的刺激也会对管制工作带来不稳定因素。因此我们可以看到，合理调整管制员头脑中对于自动系统的认识，从而保证管制员的良好精神状态和一定的工作应急性，是保证新形势下空管安全的有效方法之一。

空管自动化的发展应注意人机信息交换的有效性，使设备根据管制员的需求做出响应。即管制员将需求输入管制设备中，设备给出解决的方法，这种方法可迫使管制员对飞行冲突进行思考，思考飞行冲突的类型及解决此类飞行冲突所需的管制方法，最终利用管制设备进行辅助决策。空管自动化系统应使管制员在管制工作中感觉到工作的满足感。提高员工对工作的满足感是员工管理的重要目的。根据著名心理学家洛克的定义，工作满足感是“对一个人的工作或工作经验的评价所产生的一种愉快的或有益的情绪状态”。自动化程度的提高减少了管制员在管制工作中所感到的乐趣，使管制员感到管制工作变成一种机械的重复性劳动。

2）优化人机交互

实践证明，良好的培训可以弥补设计和开发阶段未考虑到的缺陷是一种悖论。引用愈复杂的技术，只能使机器愈发地不可操纵，增加管制员的工作强度和心理负担，因此，今后无论是在开发还是在引进自动化设备时，都应该坚持“以人为中心”的原则。具体原则如下：

（1）自动化必须能够将其行动告知操作者，并在操作者要求时对其行动做出说明。如：TCAS 所打算做的，在要求采取行动避开迫切危险之前提供交通咨询。

（2）除预先设定的情况外，自动化系统不得承担统帅的角色，即使在预先设定的情况中，自动化系统的指令必须能够被撤销。自动化系统，虽然是一种重要的工具，也必须从属于操作者。

对于操作者来说，先进的自动化的设计不仅应当在实质上是可预测的，而且应当在表面上也是可预测的，其失效与正常行为的差异必须是明显的。自动化系统的配置应当满足操作者的偏好和需要。我们应当记得第一条原则讲到的：如果人要保持他的统帅地位，自动化系统必须是可预测的。自动化设备设计的模型应当更简单；一旦失效，应当允许返回人工模式。自动化应当有多种选择才能为经验不同、认知方式不同的各种人类操作者提供灵活性。自动化在运行正常时，必须给人提供明确的指示。系统必须为人类操作者提供发现人和自动化出错的手段。即使在阻抗差错性很高的系统中，也会有错误发生，因此自动化必须能够发现差错并缓解差错的影响。

6.2.4　工作环境

人的生活和工作环境包括社会环境、家庭环境、工作环境和行为环境。社会环境的改善需要全社会的共同努力，这是一项长期的任务。家庭环境的改善既需要空管单位领导的关心，又需要家人的积极配合，只有这样，才能形成和睦的家庭关系，给管制员一个温暖的家。工作环境，尤其是调度室这种特殊的工作环境，管制员长期在管制室中开展管制工作，因此管制室的环境对管制员人为失误的影响很大，应尽可能为管制员创造一个安全、舒适的工作环境，以减少人为失误。行为环境对人的影响也很重要，创造一个轻松、愉快、良好的行为环境，可以大大减少人为失误。总之，无论哪一种环境有缺陷，都将对人的身心产生不良的影响，增加人为失误。因此，要减少人为失误，在安全管理工作中，必须注意改善管制员所处的环境条件，积极为管制员营造一个良好的社会环境、和睦的家庭环境、舒适的工作环境、和谐的行为环境。

在有利身心健康的劳动操作的环境中，劳动者的工作效率就可能提高；在不合理的工作环境中，劳动者的工作效率不仅会降低，而且会造成长期疲劳累积。管理者应正确认识和处理管制员面对的压力，改善管制员工作环境，创造良好的人际环境，同时善待出差错的管制人员，宽容对待他们所犯的错误，另外，拓宽管制员业余生活内容，多提供一些集体性、社会性的活动，增进情感交流。局方应争取合理划分空域，做好航班时刻计划方面的工作，合理分配航班时刻，缩短高峰持续时间，降低管制工作强度。

除了单位的人文环境，还应注意管制室的微环境。在光线方面，通过合理的灯光设计确保管制室的光线强度处于始终的状态；在噪音方面，尽量避免在管制室安装各种主机设备，以减少设备运行的噪音和风扇噪音对管制员的影响；在空气流动方面，通过中央空调等始终保持管制室的空气流通和温度适宜。

目前我国并没有关于工作场所的明确的疲劳管理规定，参照国外的研究资料，建议如下：

1）光线方面

（1）建议在修建管制场所时，充分考虑灯光的设计。

（2）管制员应当注意眼保健，定期进行视力检查。

（3）休息场所（候班室）光线尽量接近工作场所。

（4）交接班时，注意视觉对环境的适应。

（5）必要时佩戴墨镜。

2）噪音方面

（1）控制声源。在保证设备正常运转的情况下，尽量降低设备噪声是控制噪声的最直接也是最根本的方法。这要求，尽量选购低噪设备或低噪材料，同时加强设备维护。

（2）媒介隔绝。对噪音设备实行屏蔽，如管制室可以采用隔音材料制造门窗来保持室内安静。

3）微环境和辅助设施方面

（1）制定并审查空气质量、温度、照明和噪声的环境标准，确保它们不对管制员的工作造成潜在影响。

（2）易接近的户外的休息和放松以及健身设施，热食和冷饮加工及贮藏设备，私人物品的存放处。

（3）应提供个人使用的枕头和睡袋，保持卧室清洁。

6.2.5 运行条件

我国民航空管系统与先进国家相比，无论从技术设施上还是体制与管理上都有较大的差距，这在某种程度上制约了我国民航事业的持续、健康、快速发展。现行的民航空管体制是在四五十年前民航事业不发达的情况下形成的。目前全国实行“统一管制，分别指挥”的空管体制，即在国务院、中央军委空中交通管制委员会的领导下，由空军组织实施全国的飞行管制，军用飞机由军航实施指挥，民用飞机和外航飞机由民航实施指挥。这种体制存在着空域多头指挥、军民航协调复杂等问题。近几年曾有一些改革尝试，航路移交民航管制指挥，并逐步形成在国家空管委员会的统一领导下，由民航和军航分别对航路内外提供管制服务的空管体制。这一改革是个重大进步，但从长远看应建立由国家统一负责的空管体制。在组织结构上，应将军民航空管部门改组成国家统一领导管理的系统，负责对国家空域实行有效的管理。在管制区划设上，打破目前以民航行政区域和部队建制关系划设管制区的做法，根据空管设施布局和实际需要划设，将民航管制区与军航管制区合一。在指挥上，改变目前由军民航空管部门对军民用飞机分别实施指挥的办法，实行集中统一的指挥。在空管法规建设上，改变目前军民航空管法规、标准不一致的问题，由国家制定统一的空管规则、程序和标准，军民航执行同一法规和标准。应建设一体化的空管保障体系：由于历史的原因，我国空管设施建设军民航自成一体，形成两套设施、两个体系，这不仅造成了浪费，而且不利于统一管制。

6.2.6 组织管理

1）管理模式与管理方法的改善

坚持以流程为中心就是将企业由功能型转变为流程导向型。现行的企业结构是以任务为中心的，职能相对单一的部门分别完成不同的任务，而任务之间的衔接和过渡往往很复杂，相互间的脱节会导致流程的分割，影响效率。以流程为中心的企业的基本单位是非刚性的不同流程，按流程需要设立管理部门，改变管理方式，坚持以流程为中心，以人为本的团队管理模式把过去简单的任务、复杂的过程，变为复杂的任务、简单的过程，这样不仅可以提高效率，而且可以根据任务的变化随时进行调整，具有灵活的弹性特征。中国民航基本上是传统的科层式结构管理模式，从局长或总经理到基层的员工有十几个甚至几十个层次，管理层次多而幅度窄，效率低下。笔者认为，空管系统有必要对企业流程进行认真的研究，以流程为中心变革管理方式，建立以流程为中心的、管理层次少而幅度宽的扁平化组织结构，提高工作效率。以职能为中心的企业员工处在“要我做”的状态，对他们来讲，最重要的是做好本职工作，因为最终结果不需要他们来关心而是由领导考虑，职能部门的分割有时会割裂流程而事倍功半。以流程为中心的管理方式则不同，它必须坚持以人为本的团队管理模式，使员工处于“我要做”的状态。由于其考核的标准是最终目标，所以各部门不存在矛盾，这样不仅可以提高效率，还有利于人的全面发展。

2）建设空管安全文化

中国民航工作的总方针是安全第一，正常飞行，优质服务。作为保证飞行安全的空中交通管理部门，只有在安全管理的基础上构造组织安全文化，形成一种安全文化氛围，才能长期保障飞行安全。安全文化是指安全价值观和安全准则的总和，体现为每一个人、每一个单位、每一个群体对安全的态度、思维程度及采取的行动方式。安全文化是安全管理的深化和完善。安全管理是建立在各种规章制度基础上的规范个体行为的管理方式，最直接的表现形式就是建立和完善各种规章制度。这种管理方法在保障飞行安全的每一时期都是非常有效的。（参考 ICAO Doc 8168 文件）

3）建立健全评价体系，实现人因事故控制管理创新

建立人因事故控制管理预测评价体系，对人因不安全事件实施客观预测和科学管理。在空中交通管制的日常工作中，经常性地开展安全教育工作，对管制工作中可能发生的人因事故进行预测分析，由此制定预防与排除人因事故的措施，提高人因不安全事件控制管理的预知性，达到人因不安全事件管理先行的目的。建立生活事件分析方法体系，运用生活事件分析法，从安全管理的角度，选取对管制员个人思想情绪影响较大的生活事件，进行跟踪调查研究，建立管制员的生活变化值计算表，对职工近一年半以来的累计生活变化值进行计算，对量化值超过临界值的人员进行重点监控，避免人因不安全事件的发生。建立人的操作可靠性评价方法体系，实施操作可靠性评价，根据不同评价等级，提出不同的人为失误的控制对策和方法。在前文分析研究的基础上，归纳总结出对空管中人为失误控制的具体方法步骤如下：

（1）了解空管单位的整体组织划分及各具体单位安全工作的运行情况，同时全面调查了解该单位有关职工的各项规章制度、操作规程、工作环境，以及企业的安全文化建设等多方面的资料并熟练掌握。

（2）分别对工作在不同层次、不同岗位、不同席位的管制员及他们所从事的工作进行分析，找出从事危险性较大工作的部分职工。

（3）对上面找出的每个人分别利用生活事件分析法进行人因可靠性预测。

（4）对该管制单位进行人为失误预测分析。

（5）对该管制单位中风险较大的部门进行操作可靠性评价。

（6）综合以上的各评价结果，得出该单位整体的操作可靠性程度。

（7）结合给出的具体控制对策，在实际工作中真正落实，并加强对措施执行情况的监控和信息反馈，随时了解反馈回来的情况，看是否有助于管制单位整体操作可靠性的提高，从而减少管制中由人为失误造成的不安全事件。

实际操作中，可严格按前两节所述的详细步骤进行，同时为方便实际评价工作的进行，可进一步开发计算机应用软件，可应用计算机进行人为失误的评价、预测工作，进一步提高工作效率和预测分析结果的可靠性。

4）培养良好组织关系

为了共同目标而进行的高水平的人与人之间的信任和协作可缓解管制疲劳的产生。本书提出以下建议：① 班组资源管理（技术搭配、年龄搭配、性格搭配等）；② 班组成员间融洽的关系利于工作时协作愉快和疲劳感的缓解；③ 管制员院校选拔环节应该考虑到团队协作能力；④ 当个体热忱饱满地从事工作时，不易产生疲劳感。应让管制员得到和风险、压力相对应的经济待遇、社会认同和自我成就感。

6.2.7 工作负荷

工作负荷高和低都会对疲劳产生一定的影响。高工作负荷产生压力和疲劳，低工作负荷导致低水平警惕和厌倦。低工作负荷所表现出的厌倦，一般在重复的或者单调的作业过程中发生。有研究者指出，厌倦在空管运行中造成的问题比压力还要大。传统的协作模式（如管制员之间语音信息交换模式）正在被沉默的电子通信和自动化设备取代。因此建议在疲劳增加的时候，适当地扩大系统的安全告警参数，给已经疲劳的管制员提供更大的安全余度和更多反应时间处理潜在危险。

（1）做好航班时刻计划方面的工作，合理分配航班时刻，缩短高峰持续时间，降低管制工作强度。

（2）加强管制员各方面培训工作，提高其工作强度负荷能力。

（3）主副班管制员加强管制预案沟通，尤其是针对临时变化的管制预案，降低心理疲劳。

（4）及时划分管制扇区，合理降低管制工作强度。

（5）争取合理划分空域，将双向航路（线）尽快调整成为单向航路（线）。

（6）加强管制程序规范化工作，尽量采用检查单形式，并及时更新和调整。

对于低的工作负荷，最长执勤时间应该为 10 小时；对于正常以及高工作负荷，最长执勤时间应为 8 小时。充足的管制员数量是解决值班超时问题的根本。

有研究文献指出，不论工作负荷如何，警惕水平都可以通过交替变换工作岗位得到缓解。因此可以通过开设临时扇区、流量限制、缩短在岗时间等灵活的方式来应对高工作负荷；通过合并扇区、更合理的系统设计、扩大安全告警参数来应对低工作负荷。无论工作负荷大小，交替变换工作岗位是缓解工作负荷疲劳的最有效方式。

6.2.8 执勤排班

（1）流量允许的情况下，在晚 10 点和早 6 点的值班时间，管制员可以听收音机，阅读适当的纸质材料。

（2）在大夜班时管制中心额外增加一名管制员。

（3）管制员在早班后，将不能转而上非预期的夜班。

（4）允许管制员在大夜班时休息长达 2.5 小时以消除疲劳影响。

欧洲民航委员会（ECAC）共有 44 个成员国，其中有 28 个欧盟国家、31 个欧洲航空安全局成员国、40 个欧洲航行安全组织成员国。其中既有大型的空中导航服务提供商（ANSP），也有小型的空中导航服务提供商，管理排班工作的复杂程度各不相同。

通过对 10 个 ANSP（分别隶属于澳大利亚、西班牙、捷克、挪威、法国、德国、瑞典、英国、瑞典、瑞士以及欧洲航行安全组织，代表了欧洲大大小小的地区）采访、调研发现，在 ANSP 或其他旨在将疲劳影响最小化的组织中，仍然没有一种被普遍认可和接受的标准排班模式。欧洲各国空管轮班安排各不相同，主要是轮班特点方面的不同，如循环方向、班制的长度，个人和团队的轮班表，休息日等。造成各国的排班工作差异的关键因素是文化差异、劳动关系差异以及劳动法的差异。但是，总结发现欧洲空管的排班工作具有以下一般特征。

1）排班方案不同

大型的管制中心多采用以团队为单位的，轮班开始时间和结束时间交叉的排班方案；中小规模的管制中心多使用个人排班计划。个人排班表在制定时会考虑管制员个人与轮班相关的大部分喜好与倾向性。团队排班表的制定基于团队，团队负责在成员间分配休息时间、假期等，通过民主投票选择自己的休息时间。当然，团队排班要求合作、沟通、灵活性以及所有人能在任何席位工作。

2）轮班类型不同

大多数 ANSP（10 个中有 6 个）采用顺时针循环模式，一些使用逆时针循环模式（2 个），还有一些没有固定的排班模式（2 个）。

3）执勤时间长度不同

白天 4 ~ 12 个小时不等，夜间 8 ~ 12 小时不等。

4）排班周期中工作日和休息日的规定不同

许多采用团队为基础的排班方案的管制中心有固定的排班周期（4/2，5/2，6/3，即工作天数/休息天数），而在使用个人排班计划的管制中心可能没有固定的排班周期。

澳大利亚管制员排班周期是 4/2 或 3/3，或是上午班、下午班、晚班和夜班的连续组合。按照规定，管制员每周要工作 36 小时。连续工作小时数为 7 到 10 小时（上限）。没有分段值班，而且管制员要连续地交替轮班。逆时针循环模式通常是从下午班开始到上午班结束，一般难以更改。

在逆时针循环模式中，值白班和夜班之后的休息时间是 10 个小时，但如果出现计划之外的召回，休息时间就会减少到 8 个小时。排班计划没有考虑到周末有特定休息时间，或两个连续的休息日，或两个单独的休息日。排班循环不会自动确保在 4 ~ 6 周内有一个周末休息。每年的休假时间为 5 周。

有针对个人的开始/结束时间交错的排班表。由员工/管理层和工会组成的一个排班委员会对排班表的更改进行讨论并最终达成一致意见，然后由管制中心管理者同意并签署。中心经理将决定各项要求，留待委员会在排班规则和效率的基础上制定排班表。通常新的排班计划要公告 15 天。一旦公告了该排班表，它就是固定的。管制员内部可以安排换班，并经由主管同意。加班包括意外缺勤，要求最少为 4 小时（即使只需要加 2 小时的班，他们也必须付 4 小时的工资）。在屏幕/控制台台前 2 小时后，管制员会得到 30 分钟休息（在正常/高峰流量）。如果流量很小时可以适当休息更长时间。

由南澳大利亚大学睡眠中心研发的疲劳动态监测工具（Fatigue Audit Inter Dyne，FAID）可以用来评估预测疲劳。通过输入轮班时间进而评估疲劳程度。FAID 审查排班表中个体获得的工作恢复睡眠，跟踪涉及差错频率、旷工水平、员工患病的天数或其他的有意义的数据的疲劳分数。FAID 的结果可以实时评定现行空管运行的各个环节的疲劳指数，也可以在安排管制员加班和值班前，通过对该管制员先前的工作日志和预计的工作时间表进行 FAID 分数评定，确定其是否符合加班或执勤要求。工作人员也有通过自愿报告系统报告潜在疲劳状况的机会。另外，一项针对管制员的疲劳教育计划已经启动，同时也会组织“家庭日”活动。

5）使用了新的轮班软件

过去的 18 个月引入了一款新的轮班软件（Microster）。它输出计划和实际的轮班模式，并考虑员工的特点和评级。该工具可以处理优化问题和发展排班计划。当谈到战略性规划时，这款软件是很有价值的。下一步是与 FAID 相链接/整合。

通过灵活合理地安排轮班制度以预防管制员疲劳。目前我国空管没有轮班之间的休息日的相关规定。因此运行单位可以借鉴澳大利亚空管的做法：

（1）两个连续的倒班之间至少要保证 10 个小时的休息时间（如果有特殊或临时情况需要召回，至少需要 8 小时休息）。

（2）在一轮连续 6 天的倒班或者一轮连续 40 小时的值班之后，必须保证 3 个完整的休息日。

（3）在一轮连续 5 天的倒班或者一轮连续 30 小时的值班之后，必须保证 2 个完整的休息日。

（4）以 28 天为一个轮班循环周期计算，在每个循环周期内，最少安排 8 个休息日，而且这其中要包括最少 2 次连续 2 天的完整休息日。

（5）在任何连续的 6 周时间内，不应安排一次超过 7 段快速变换的轮班。

夜班持续时间应尽可能短，不应超过 8 小时；夜班之后应提供至少 2 个完整的休息日用于睡眠恢复；生物钟的调整过程通常要 3～4 天，应尽可能限制夜班数量保持最少和频率保持最低，否则管制员将长期处于生物钟的调整过程中；一轮倒班循环最多只安排一个夜班；如果夜班安排在一系列值班之后，那么夜班之前的值班不应该产生重大的睡眠债务和过度疲劳。

在倒班循环期间，至少提供 10 个小时用于恢复性睡眠以及休闲（即享受和参与个人、家庭和社会活动）、进餐和其他个人事务；休息时间应完整地包含正常的生理节律睡眠时段；避免同一天安排两段值班；尽可能避免安排加班。改进现有的排班表，增加值班期间小睡的安排；提供适宜小睡的安静、舒适、黑暗的环境；指导管制员小睡的益处，避免管制员在小睡时间处理其他事务；提醒管制员预防性小睡的重要性。

（1）带班主任应当得到相关的培训，使他们能够在决定延长值班时间时识别并考虑管制员的疲劳状况。

（2）科学评估管制员的指挥能力，带班主任要做到心中有数，并合理安排席位。

（3）安排专人负责排班，排班人员应具备相应的心理和生理知识。

（4）在适当的时候，安排管制员上一段时间“朝九晚五型”的常日班。

休息间歇是值班期间规定的一段时间，目的是帮助管制员克服不断产生的工作疲劳，以及让管制员处理个人需要（如去洗手间）。加拿大的疲劳管理研究组织（CTWG）将休息间歇定义为：“一个真正有意义的缓解疲劳的工作间歇是指该管制员不再对工作席位负责”。对于休息间歇的疲劳缓解，运行单位可采取以下建议：

（1）连续在岗时间标准为 2 小时，若工作负荷小，可延长但不应超过 4 小时，若工作强度大，应进一步缩短。

（2）每次休息间歇应该在 30 分钟以上，休息间歇的频率应该和岗位交接风险达到一个合理的平衡。

（3）坚持交接班重叠的做法，管制员在休息间歇应脱离运行环境，完全不再对安全负责，指导管制员如何更有效地利用休息间歇促使缓解疲劳的效果最大化。

（4）如无法实现休息间歇，必须启用其他的缓解疲劳的措施，如流量管理等，防止管制员疲劳随时间恶化导致差错。

（5）加班可以显著地增加工作场所疲劳的水平，应当研究和实施如何减少加班情况发生的对策。

（6）应制定加班的执行规定，避免盲目强调安全运行而无序的安排加班，同时允许适当的换班。

（7）在安排管制员加班之前，应该对其先前工作的疲劳情况和对后继值班工作的疲劳影响进行评估，尽可能避免在仅有的一个休息日加班或者连续的加班，加班的同时应满足休息日、工作小时数等其他相关规定限制。

目前我国民航飞行员、乘务员等空勤人员都享有休假疗养制度，而管制员没有统一的休假制度，这对于一个以安全为目标的行业是一个潜在的危险，当疲劳累积到一定程度，疲劳问题将以不正常或不安全事件甚至事故的形式而发生质变。

国际上，各国非常重视休假对于管制员身体机能恢复的积极作用，管制员基本上都可以享受一年一度的长期休假疗养。大部分国家根据管制员工龄或者年龄来制定休假疗养规定如表 6.1 所示。

表 6.1　国外管制员休假规定

加拿大	美国	英国	西班牙
15 天（工龄小于 8 年） 20 天（工龄 8～18 年） 25 天（工龄 19～29 年） 30 天（工龄 30 年以上）	13 天（工龄小于 3 年） 20 天（工龄 3～15 年） 26 天（工龄 15 年以上）	28 天（工龄小于 8 年） 30 天（工龄 8～9 年） 33 天（工龄 10 年以上）	45 天，其中包括夏天 15 天； 对于倒班管制员，额外附加 6 天
德国	荷兰	瑞士	澳大利亚
32 天	24 天，在此基础上，加 1 天（年龄 30～40 岁） 加 2 天（年龄 41～45 岁），加 3 天（年龄 46～50 岁），加 4 天（年龄 51～55 岁）	27 天（年龄小于 40 岁） 32 天（年龄大于 40 岁）	除休假疗养之外，在工作 10 年后享有每年 3 个月的休假，以及此后每年额外 9 个日历天的休假。

根据国外的相关研究和基于人本管理原则，应制定我国的管制员休假规定，缓解管制员的慢性累积疲劳。在法定节假日工作的管制员要承担大流量高负荷的工作，更应重视期间的疲劳管理；在制定排班表制度时，应尽最大可能保证全体管制员都能够平均享受法定节假日休息的机会；应让法定节假日工作的管制员有选择补偿的方式——经济补偿或者休假补偿；应鼓励管制员选择休假补偿，因为这对于恢复累积疲劳和身心健康更有益处。

对于管制员疲劳的管理和预防，一方面可以通过休息时间的管理入手；另一方面，就是对工作时间进行管理。我国民航系统空勤人员都享有小时数保障，而管制员的小时数规定还是空缺。表 6.2 是一些有代表性国家的管制员的工作小时数规定，我们在参考时，要注意考虑到不同国家空管系统具有不同的工作背景。

表 6.2 各国管制员工作小时数

国家	周工作小时数上限	连续工作小时数上限	倒班循环模式
美国	每周 40 小时	10 小时	最多工作 6 天休息 1 天
英国	每周 40 小时	8 小时	工作 6 天休息 4 天（不同地区略有不同）
西班牙	每周 40 小时，每月 120 小时，每年 1200 小时	6～12 个小时（非繁忙地区可延长到 14 小时）	工作 3 天休息 3 天，或工作 4 天休息 2 天
德国	每周 38.5 小时	10 小时	工作 4 天休息 2 天，或工作 5 天休息 3 天
荷兰	每周 38 小时	7～8 小时	工作 5 天休息 2 天，最多工作 9 天休息 2 天
瑞士	每周 35 小时，每年 220 天	7～9 小时（塔台 10 小时）	工作 4 天休息 2 天，每月最少 8 个休息日
加拿大	周平均 36 小时	6～11 小时	28 天为一周期（17 天工作和 11 天休息）；倒班循环周期之间 3 个连续休息日
澳大利亚	每周 35 小时，外加每次交接班 12 分钟的重叠	10 小时	工作 5 天休息 2 天，或工作 4 天休息 2 天，或工作 5 天休息 3 天，或工作 3 天休息 3 天
中国	每周 40 小时	10 小时	工作 2 天休息 1 天，或工作 2 天休息 2 天

运行单位应进一步完善我国空管的工作小时数规定，以从本质上缓解管制员疲劳情况。值班时间应避免过早的开始或者过晚的结束，尽可能不破坏正常的作息时间，多变的值班开始时间需要管制员适应不同的生活工作节奏，应避免多变的值班开始时间，寻找符合我国现状的“夜班早结束，早班晚开始”的矛盾平衡点。

我国在制定管制员执勤时间方面的法律法规时可以借鉴英国的法规，对于值勤时间、休息时间等应有明确的定义。

（1）值勤时间：指管制员为了完成管制单位安排的管制工作，从到达指定地点报到时刻开始，到完成工作时刻为止的连续时间段。它应包括岗前准备时间，岗位执勤时间，岗后分析、讲评时间，管制训练时间，其他工作时间。

（2）最大连续值勤时间：10 h，同时沿袭现今规定，从事雷达管制的管制员最大在岗时间 2 h，两次操作间休息时间最少 30 min。同时应保证休息的 30 min，管制员可以完全脱离工作，以得到充分休息。

（3）轮班间休息时间：可借鉴英国规定的 12 h。

（4）早班相关限制：早班开始时间不应早于 7:30，同时轮班周期内早班次数不应超过两次。

（5）夜班相关限制：夜班时长不能超过 8 h。一次轮班周期内夜班次数不应超过 1 次。

（6）轮班循环间休息间隔与两班间休息间隔可依据可管制单位情况自行规定。

（7）应对加班、交接班、休假疗养制定做出规定。

管制员在上夜班时进行小睡，可以帮助昼夜节律保持稳定。目前，夜间的“小睡”已经被证明是防范岗位疲劳的有效手段，在昼夜节律处于低潮期以及睡眠缺失的情况下，战略性和预防性的小睡对保持效能和警觉性非常有效。而为了有效避免睡眠惯性，可以将执勤期间小睡时长限制为 20 min。

可以利用类似于澳大利亚 FAID 的软件，在管制员执勤前输入轮班相关数据，预测疲劳程度，确定其当天是否符合执勤要求。

综上所述，以欧美国家的管制员轮班制度为参考，结合我国空管的具体情况，逐步深入对疲劳的认识，对管制员的疲劳风险管理给予足够的重视，才能建立起更加科学、合理人性化的我国管制员轮班制度，才能有效地对管制员实施疲劳管理，才能进一步保障空管安全。

6.2.9 特殊情况

有研究数据显示，很多的女性管制员除了存在睡眠障碍、易疲劳等普遍的问题外，与其他行业的女性相比，还普遍存在痛经、月经失调、不孕、高流产比率、普遍早产等问题。这可能和妇女面临的不规则的管制工作时间表及社会和家庭生活的困难和压力有关。也有研究者指出，女性管制员遭遇的这些问题可能与管制倒班工作诱发的生殖荷尔蒙周期运动错综性增长有关。

考虑到生理因素和育儿需要，在安排值班表，特别是高强度倒班和夜班时，应给予女性特殊的照顾。为年长管制员安排值班表时，应特别考虑他们的工作效能是否能够承担预期的复杂任务需求，制定管制员退休年龄标准，应考虑倒班工作对管制员的健康退化的影响，允许管制员根据需要选择提早退休，或因年龄原因转任其他岗位工作。

6.3 小 结

本章通过介绍管制员疲劳的影响因素，结合管制员疲劳致因分析报告的相关研究，在此基础上，确定了管制员疲劳的影响因素指标。基于以上致因指标的分析，提出了管制员疲劳防控措施：主要从管制员自身、人员培训、运行条件、设施设备、工作环境、组织管理、工作负荷、执勤排班、特殊情况等 9 个方面进行疲劳防控。同时，基于对相关防控措施的研究，结合疲劳致因分析报告，构建了管制员疲劳防控策略，在此基础上提出了缓解疲劳的相关建议措施，为后续疲劳管理系统的建立提供了理论依据和框架结构。

7　管制员疲劳风险管理系统

7.1　疲劳风险管理系统概述

7.1.1　疲劳风险管理系统定义

国际民航组织将疲劳定义为：由于睡眠不足、长时间保持清醒、所处的昼夜节律阶段或者工作负荷（脑力和/或体力活动）过重而导致开展脑力或体力活动的能力降低的生理状态。这种状态会损害运行单位的警觉度以及其安全操作航空器或者履行安全相关职责的能力。疲劳风险管理系统（FRMS）是一种对与疲劳相关的安全风险进行持续监测和管理的、以数据为依托的方法，它以科学原理知识以及操作经验为基础，旨在确保运营相关人员以充分的警觉水平履行职责。

管制员协会国际联合会（IFATCA）将空中交通管制员（ATC）疲劳定义为：管制员减少精神或身体的表现能力，生理状态从睡眠损失或导致延长觉醒状态，或由于工作量（精神和/或身体活动）和倒班时差而影响主观活动的状态，即降低管制员的警觉性和执行安全相关职责的能力的一种状态。

管制员疲劳风险管理是以与风险暴露水平和运行性质相适合的方式对疲劳进行管理，以便最大限度地降低疲劳对运行安全产生的不利影响。确保管制员保持充分的警觉性，以便能够以令人满意的能力水平执行管制工作。

7.1.2　疲劳风险管理系统原理

管制员疲劳风险管理是基于睡眠科学原理、生物钟节律/时差原理建立完善的，睡眠科学和昼夜节律方面的发现为管制员疲劳风险管理提供了牢固的科学基础。但是没有涉及每一个详细的运行问题，在实际实施过程中需要将运行经验与科学知识结合起来，从而形成切实可行的、用于管理疲劳风险的控制措施和缓解策略。

管制员疲劳风险管理系统使用多层防御策略来管理与疲劳相关的风险，不管风险来自何处。它包括各种以数据为依托的持续不断的自适应过程，通过这些过程可以识别疲劳危险，继而制定、实施和评估各种控制措施和缓解策略，其中包括组织的和个人的缓解策略。尽管管制员疲劳风险管理系统是基于科学原理建立的，但将其适用于不同运行环境时，需要有运行方面的经验和知识。管制员疲劳风险管理系统不应由咨询师提供给管制单位，该系统需要由拥有关于系统所要适用的复杂运行环境的丰富经验的人员来建立、理解和管理，使得各种数据分析在考虑到特定环境的基础上得到富有意义的解读，从而制定出切实可行的管制运行策略。

7.1.3 疲劳风险管理系统构建原则

管制员疲劳风险管理是以与风险暴露水平和运行性质相适合的方式对疲劳进行管理，以便最大限度地降低疲劳对运行安全产生的不利影响。因此，ATC-FRMS 的构建基于系统性、可靠性、实用性、多元化原则，确保管制员能保持充分的警觉性，以便能够以令人满意的能力水平执行管制工作，保障运行安全。

管制员疲劳风险管理系统是一种对与疲劳相关的安全风险进行持续监测和管理的、以数据为依托的方法，它以科学原理知识以及操作经验为基础，旨在确保相关人员以充分的警觉水平履行职责。为了保证一个统一的国家标准被完整地实施和应用到疲劳管理过程中，应建立一个综合的疲劳风险管理系统，且应满足以下原则：

（1）适用于所有的空中交通管制人员。

明确疲劳管理责任的分担情况，鼓励运用被已知的排班表对策来减少倒班工作造成的疲劳影响，阻止使用那些导致疲劳水平增加的排班表作法；提供用于调节组织风险预测、工作人员生活方式权利和组织经济学的目标的排班表；通过疲劳监测软件（Fatigue Audit Inter Dyne Software，FAID）以执勤时间、睡眠时间、身体恢复能力等指标评定管制员疲劳指数；或者通过其他有效的系统，保证与排班表有关的疲劳水平和轮班维持在推荐指标；运用 FAID 或者其他有效的系统评定加班的疲劳影响，必要时，运用适当的风险缓和对策，管理任何已知的疲劳风险增加。

（2）运用标准程序。它包括：排班表制定；加班的安排；报告用于维持运行的风险缓和对策的执行情况；报告工作人员由于过度的疲劳不能执行排班表任务的情况；进行和报告常规的 FAID 或者其他有效的系统的监察情况；

进行和报告常规的风险管理文件的监察情况；评定和报告换班或者工作场所环境因素造成的疲劳的情况；评定和报告疲劳导致运行差错的情况。

（3）识别一个控制过程。

（4）识别一个连续的审核过程。

（5）满足空中交通管理系统中安全管理体系（SMS）的所有需求。

7.2 管制员疲劳风险管理系统与安全管理体系的关系

7.2.1 安全管理体系定义

国际民航组织（ICAO）对安全管理体系（Safety Management System，SMS）的定义：安全管理体系是有组织的管理安全的方法，包括必要的组织结构、问责办法、政策和程序。

中国民用航空局（CAAC）对安全管理体系（Safety Management System，SMS）的定义：安全管理体系是指建立安全政策和安全目标，通过对组织内部组织结构、责任制度、资源、过程、程序等相互关联或相互作用的一系列要素进行系统性管理，实现安全目标的管理体系。

在 ICAO 2009 年第二版《安全管理手册》中把 SMS 比喻为一个工具箱，这个工具箱包含了航空组织在提供服务过程中，为控制危险源诱发成安全风险所需要的各种工具。第二版 ICAO《安全管理手册》中强调：“我们必须明确，SMS 本身既不是一个工具，也不是一个过程。SMS 是一个真实的工具箱，它包含着在进行两个基本安全管理过程（危险源确定和安全风险管理）时所要用的各类工具。SMS 的作用是为组织提供一个符合组织规模、复杂程度的恰当工具箱。”

7.2.2 安全管理体系结构与内容

1）SMS 模块及要素的概念

SMS 模块是 SMS 的结构化构成，SMS 由若干模块构成，每个模块包含若干要素。

SMS 要素是安全管理体系内容的基本组成单元，是安全管理体系组织结构、办法、政策和程序等内容的具体表现形式。

SMS 工具是 SMS 要素反映到运用上的手段和方式，包括 SMS 安全管理规范和 SMS 安全管理工程技术手段两个方面。

2）ICAO 安全管理体系的结构与内容

各国 SMS 的内容略有不同，通常情况下，一个组织可以通过选择多种方法来实现安全管理的需要，但是绝对不存在某一个适于所有组织的简单模型，组织应根据自己的规模、复杂度、运行方式、安全文化、运行环节等情况来决定自己的安全管理结构、安全工作思路和方法。

归纳 ICAO 和英、美、欧洲航行安全局等国家或组织的 SMS 内容，SMS 的主要内容有安全管理的政策和策略、安全目标、安全管理的组织结构与职责分配、风险管理、安全评估、安全监督、安全培训与教育、运行日常监督检查、事件调查、安全信息报告与管理和安全文化建设等。

为系统化和结构化 SMS 的内容，ICAO 在 2009 年发布的第二版《安全管理手册（SMM）》（DOC 9859 AN/474）中明确了安全管理体系（SMS）的框架结构和内容由 4 个部分、12 个要素构成。

7.2.3 空管运行单位 SMS 模块及要素

参考 ICAO 2009 年第二版《安全管理手册（SMM）》（DOC 9859 AN/474）提出的 4 个部分、12 个要素的 SMS 框架结构，结合我国空管行业运行实际情况，民航局空管办在《民航空中交通管理安全管理体系（SMS）建设指导手册》第三版（MD-TM-2011-001）中明确了民航空管运行单位 SMS 的总体框架与要素由安全政策和目标、安全风险管理、安全保证、安全促进四大模块、13 个要素构成（图 7.1）。

1）安全政策和目标

（1）安全政策。

民航空管运行单位应当明确其安全政策，由主要负责人签署并进行定期评审。安全政策应当体现本单位对安全的承诺，包括为安全管理提供必要的资源、建立安全信息报告程序，明确定义可接受和不可接受的行为准则、奖惩政策等内容，并与全体员工进行沟通。

（2）安全目标。

民航空管运行单位应当建立安全绩效管理制度，确定安全绩效目标，制定、实施配套的行动计划，提供必要的资源支持，并定期对安全目标体系、行动计划的实施落实情况进行评审。

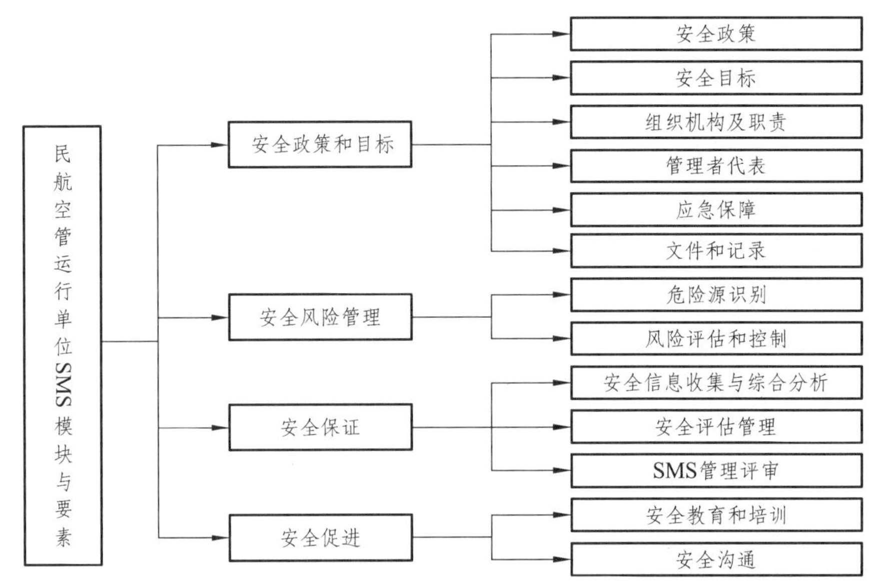

图 7.1　民航空管运行单位 SMS 模块与要素构成

（3）组织机构及职责。

民航空管运行单位应当明确规定各安全相关部门、岗位、人员的安全责任，包括最高管理者、安全管理部门、安全相关部门、一线员工，并建立责任追究制度。应明确规定最高管理者是安全管理第一责任人，对建立和实施 SMS 负有最终责任。

（4）管理者代表。

民航空管运行单位应当指定一名管理者代表，作为实施并维持有效 SMS 的负责人兼协调人，向本单位的负责人和各安全相关部门提出安全管理建议，负责内部以及与外部单位安全相关事务的协调和沟通。

（5）应急保障。

民航空管运行单位应当建立应急预案，并与相关单位的应急预案相协调，实现正常运行与紧急情况之间的相互转换。民航空管运行单位应当根据实际需要和情况变化，适时修订应急预案并定期组织演练。

（6）文件和记录。

民航空管运行单位应当建立并维护与安全管理有关的文件和记录，包括安全政策和目标、安全管理程序以及所涉及的职责、权限和输出，并对各项安全活动进行记录。

2）安全风险管理

（1）危险源识别。

民航空管运行单位应当建立危险源识别程序，综合应用被动的、主动的和预测的识别方法，持续、系统地对运行中的危险源开展有效的识别、分析和记录。

（2）风险评价和控制。

民航空管运行单位应当建立安全风险评价与控制程序，对危险源的安全风险进行分析和评价，并实施有效的控制措施将风险降低到可接受的水平。

3）安全保证

（1）安全信息收集与综合分析。

民航空管运行单位应当建立安全信息收集和综合分析程序，通过持续监控、内部检查、单位检查、员工报告、不安全事件调查等方式收集安全信息，进而在安全信息综合分析的基础上对各项风险控制措施进行监控，确保各项风险控制措施符合要求并达到预期目标。

（2）安全评估与管理。

民航空管运行单位应当建立程序，对将要实施的重大变更可能带来的安全风险进行识别和管理，确保变更所带来的安全风险不会引发不安全事件或降低本单位的安全水平。

（3）SMS 管理评审。

民航空管运行单位应当建立 SMS 管理评审程序，不断提高和持续改进 SMS 各个模块、要素、流程的充分性、适宜性和有效性。

4）安全促进

（1）安全教育和培训。

民航空管运行单位应当制定并实施有效的安全教育培训计划，保证所有员工都能接受安全教育培训、胜任 SMS 相关工作，安全教育培训的内容应与每个员工安全工作的范围及影响程度相一致。

（2）安全沟通。

民航空管运行单位应当建立正式的安全沟通渠道及程序，保证所有员工及外部相关单位能够及时了解 SMS 运行情况和各类安全信息。

7.2.4 ATC-FRMS 组成模块及要素

1）ATC-FRMS 组成模块

如图 7.2 所示，ATC-FRMS 分为四个模块，分别是疲劳科学原理及文件、疲劳风险管理、疲劳安全保证、疲劳安全促进，每个模块又包含其特定的组成要素，共 13 个要素。其中核心模块是疲劳风险管理、安全保证、安全促进三部分，故本章将重点介绍这三个模块，从原理、过程、结果、反馈促进四个方面构建管制员疲劳风险管理系统，从而达到保障空管运行安全的目的。

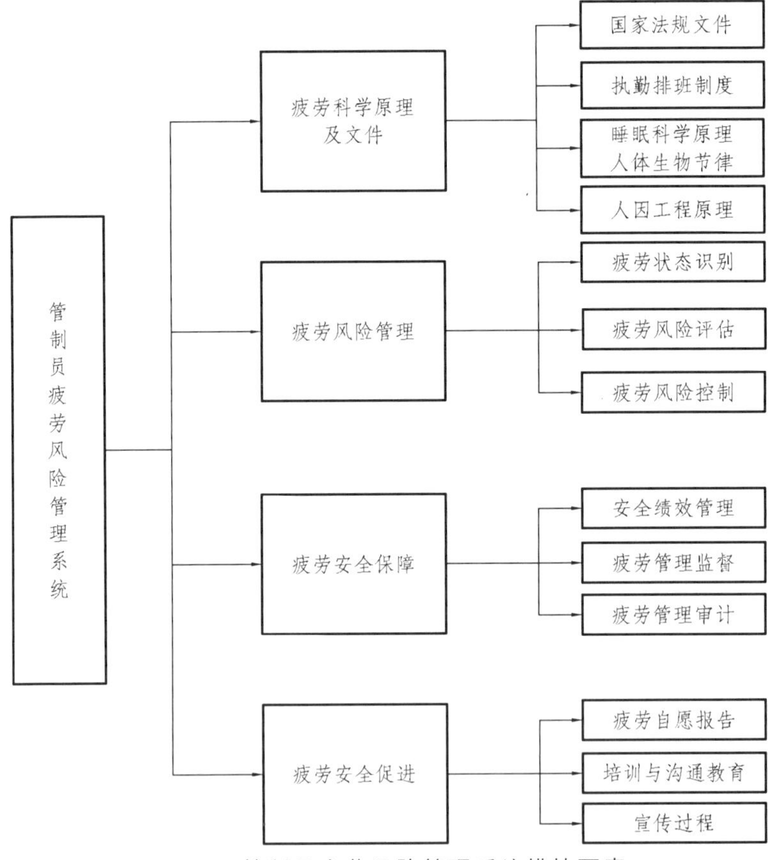

图 7.2 管制员疲劳风险管理系统模块要素

2）ATC-FRMS 核心要素

管制员疲劳风险管理系统的基本要素包括：① 政策；② 符合工作人员良好的家庭和社会活动需求的工作安排计划；③ 程序与责任分配；④ 资源；

⑤ 运行的程序和责任，训练和培训内容；⑥ 工作人员和管理人识别一个疲劳风险后的报告程序；⑦ 启动风险管理的时候的报告需求；⑧ 监察流程；⑨ 定期审计需求；⑩ 安全状况（内在的 SMS 流程）。

基于以上基本要素，可以明确 ATC-FRMS 的核心要素。

（1）疲劳数据采集系统。

ATC-FRMS 是以睡眠科学为原理、以单位实际运行数据和管制员疲劳数据为驱动的一个信息化管理系统，通过以下两个方式获得数据：

① 管制员工作排班表：通常从空管运行单位直接获得，从这些数据中可以得到管制员工作和休息的时间安排，通过对排班表的分析可以得到管制员潜在的疲劳状态水平。

② 管制员疲劳自愿报告系统：主要搜集管制员在管制工作中所涉及的不安全事件数量，管制员疲劳自评报告数量，对报告中与疲劳相关的信息进行分析处理，从而将其作为获得管制员疲劳状况的重要依据。

③ 工作绩效数据：主要来源于空管单位人员绩效考评记录，绩效数据可以间接反映管制员的疲劳状况，是 ATC-FRMS 的运行数据来源之一。

（2）疲劳状态识别。

ATC-FRMS 中的疲劳状态识别是一个疲劳状态测评过程，等同于 SMS 中的危险源识别过程，该过程主要是利用主观评定法和客观评定法对管制员疲劳状态进行测评。所采用的测评手段有问卷调查、专家打分、同班组成员走访，以及通过相应的科学仪器测量管制员执勤前后生理指标（脑电图、眼动电图、闪光融合频率、皮肤空间阈等），测量管制员认知知觉、认知解释和运动反应等以识别管制员的疲劳状态。

（3）疲劳风险评估。

疲劳风险评估是 ATC-FRMS 最重要的一个要素，该评估过程是基于以上收集的数据及分析结果，通过疲劳风险评估模型，对管制员疲劳进行定量评估，最终得到管制员疲劳风险因子，以衡量管制员疲劳风险的等级。目前在运行中使用的疲劳评估模型有生物数学模型、波音警觉性模型（Boeing Alert.ness Model，BAM），美国 CHS 运行单位的长期疲劳模型、证据理论模型等。

（4）疲劳风险控制。

对疲劳风险实施有效的控制措施，将风险降低到可接受的水平。

7.2.5 SMS 与 ATC-FRMS 的关系

管制员疲劳风险管理系统有其特定的构成模块，同时也与安全管理体系

（SMS）共享一些基本组块。其中，管制员疲劳风险管理系统的基础模块有安全政策和目标、安全风险管理，安全保证、安全促进；它包括的要素有有效的安全报告、高级管理层的承诺、持续监测过程、旨在查明安全缺陷而非追究责任的安全事件调查过程、信息和最佳做法共享、管制员的综合培训、标准管制程序的有效实施，以及对不断改进的承诺等。同时，ATC-FRMS 有其特定的组成要素，两者之间的关系如图 7.3 所示。

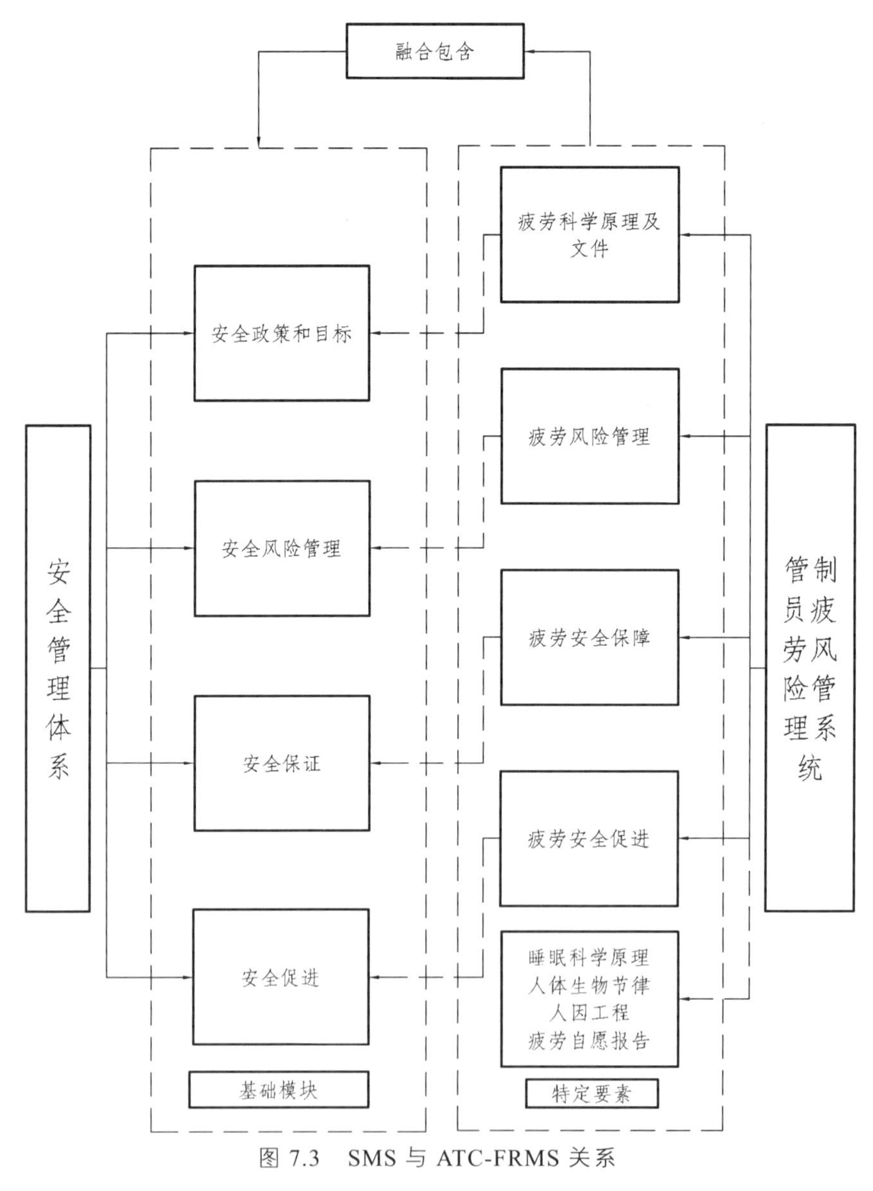

图 7.3　SMS 与 ATC-FRMS 关系

管制员疲劳风险管理系统（ATC-FRMS）并不是一个单独的系统，它与安全管理体系（SMS）存在一种融入包含的关系，管制员疲劳风险管理运用来自安全管理体系（SMS）的原则和过程，来管理与管制员疲劳相关的风险。与安全管理体系一样，管制员疲劳风险管理力求在安全、生产力与成本之间达到实际可行的平衡，力求主动发现改善运行过程以及降低风险的机会，并且在不良事件发生后查明缺陷。

7.3 管制员疲劳风险管理过程

管制员疲劳风险管理过程是管制员疲劳风险管理系统日常工作的一部分。这些过程旨在让运行单位可以实现疲劳风险管理系统政策所规定的安全目标，并由疲劳安全行动小组来负责管理。

疲劳风险管理过程主要包括：确定何时疲劳构成危险；评估某疲劳危险所代表的风险等级；如有必要，采取控制措施和缓解策略，并实施监测，以确保这些措施和策略可以将风险控制在可接受的水平。

在明确了疲劳风险管理的政策和相关文件后，则可以开始实施具体的疲劳风险管理过程。

管制员疲劳风险管理过程主要依托于两类数据：管制员疲劳程度和工作绩效。测量数据的关键在于对管制员疲劳风险管理系统中所涵盖的每一项运行都选择正确的数据组合。然后对数据进行详细分析，为疲劳安全行动小组和负责管制员疲劳风险管理过程，以及负责管理安全绩效的其他部门提供决策参考信息。管制员疲劳风险管理过程具体步骤可归纳为图 7.4。

疲劳风险管理过程中最主要的是疲劳风险管理。建立疲劳风险管理中的安全风险管理过程主要是在数据分析的基础上进行危险识别、风险评估和风险缓解等工作，最后制定安全绩效指标和监管机制，并不断反馈循环。其具体的实施方法与安全管理体系中的危险识别、风险评估和风险缓解类似，空管单位在开展疲劳风险管理的过程中，可根据自己的实际情况参考对照着开展工作。

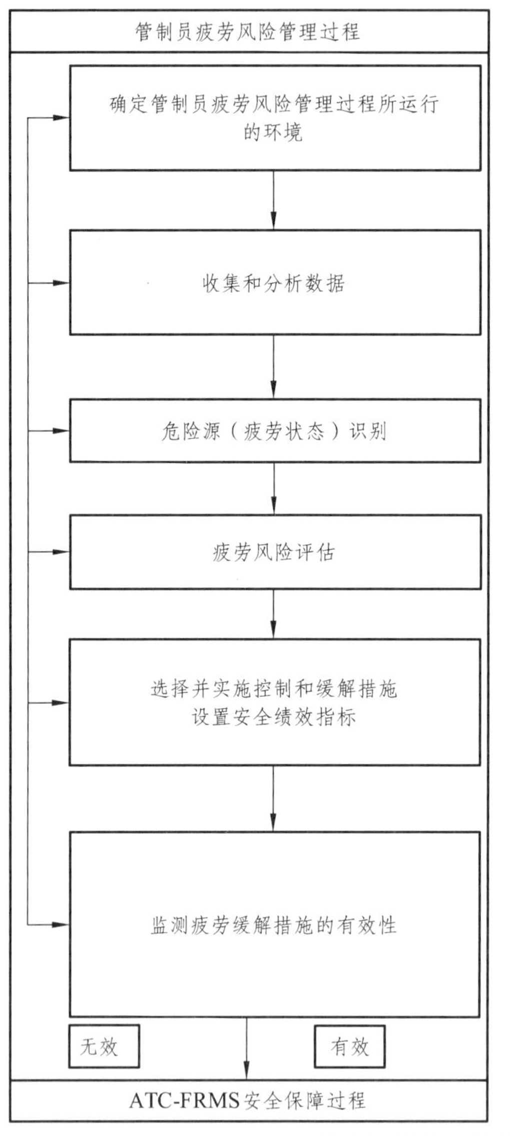

图 7.4　管制员疲劳风险管理流程

7.4　管制员疲劳风险管理内容

7.4.1　确定运行环境

为了满足国际民航组织关于疲劳风险管理系统的标准，各国应该允许运行单位选择将疲劳风险管理系统用于管理其所有运行中的疲劳风险，包括管制员疲劳风险管理，但运行单位必须明确疲劳风险管理系统所适用的运行类型。此外，不同的管制环境和运行空域引起管制员疲劳的原因也不同，可能需要不同的控制和缓解措施来缓解相关风险。这可能需要在其疲劳风险管理系统范围内针对不同的管制运行建立多套管制员疲劳风险管理过程。这些过程应该容易辨别。另外，在某些情况下，某一套管制员疲劳风险管理过程可能会涵盖多种管制运行类型。

7.4.2 数据收集分析

疲劳风险管理是以数据驱动的。作为疲劳风险管理过程一部分所需的疲劳监测数据必须符合运行规定限制,要比运行人员在 SMS 下管理的疲劳要求更加全面。

在流程图的第二步中，疲劳安全行动小组收集所需的数据和信息，以确定他们能够识别出管制员疲劳风险管理过程所涵盖管制运行中潜在的疲劳危险。关键是为 FRMS 涵盖的每个运行选择适当的措施组合，用于日常监控，以及需要关于已识别的潜在危险的附加信息。要做到这一点，该小组需要很好地了解可能导致管制员疲劳的致因因素。一旦管制员疲劳风险管理过程进入全面运行阶段，数据收集和分析就将成为空管单位日常职能的一部分，平常就有一系列的数据可供使用。此外，疲劳安全行动小组有时也可能决定开展非例行的数据收集工作，可以收集不同类型的信息和数据，以便更好地掌握具体疲劳危险的情况。

7.4.3 危险源识别

国际民航组织要求运行单位建立、保持和记录 3 种用于识别管制员疲劳危险的过程：预测性过程、主动性过程、被动反应性过程。

（1）预测性：通过检查管制员执勤排班表确定的疲劳危险，考虑到已知影响睡眠和疲劳的因素。

（2）主动性（在运行期间监控）：通过测量当前运行中的疲劳水平来确定疲劳危险。

（3）反应性（收集事件或事件后）：通过评估疲劳对安全报告和发生的事件的贡献而确定的疲劳危害。

所有这些过程都要收集各种信息和数据，以持续监测管制员疲劳风险管理系统所涵盖的管制运行中的疲劳风险水平。这些过程使得疲劳安全行动小组可以在科学有效的原则和测量方法的基础上做出以数据为依托的决策。在管制员疲劳风险管理过程中，预测性疲劳危险识别着重于制定管制员排班表和条件，并在制定过程中对影响睡眠和导致疲劳的已知因素进行考虑，以便最大限度地降低这些因素可能在未来产生的影响。同时，主动性疲劳危险识别过程的工作重点是监测运行中的疲劳水平。因为疲劳导致的损害会影响到很多技能，致因也是多方面的。目前没有一种测量方法能全方位地反映出管制员在执勤期的疲劳水平，需要利用多种数据来源。被动反应性过程旨在确定管制员的疲劳状况对提出安全报告和发生安全事件的促成作用。其目标是确定本应该采取何种措施缓解疲劳的影响，以及减少类似事件在未来的发生概率。危险源识别数据是基于科学有效的原理和测量方式来实现数据驱动的决策。需要使用所有这些方法识别疲劳危险，以确保 FRMS 所需的各种信息和数据的可用性，以持续监测疲劳风险的水平。

7.4.4 疲劳风险评估

识别风险后就要进行风险评估，建立相关评估标准，标准没有正误之分，但是不论确定的是什么标准，都必须得到开展风险评估的使用者的一致同意和广泛理解。根据运行单位安全管理架构的不同，可由疲劳安全行动小组确定严重性和概率标准，然后在疲劳风险管理系统中利用这些标准来评估与疲劳相关的风险和采取缓解措施的必要性。

通常情况下，安全风险被定义为预计的可能性和后果的严重程度对现有的危险或情况影响。一般定性评估可采用安全风险评估矩阵，如表 7.1 所示。

表 7.1 安全风险评估矩阵[①]

<table>
<tr><td>可能性</td><td colspan="8">疲劳程度</td></tr>
<tr><td></td><td colspan="2">灾难性的（A）</td><td colspan="2">危险（B）</td><td colspan="2">大的（C）</td><td>小的（D）</td><td>可以忽略不计的（E）</td></tr>
<tr><td>频繁</td><td>5A</td><td rowspan="5">发生事故</td><td>5B</td><td rowspan="5">安全增大</td><td>5C</td><td rowspan="5">显著减少</td><td>5D</td><td>5E</td></tr>
<tr><td>偶尔</td><td>4A</td><td>4B</td><td>4C</td><td>4D</td><td>4E</td></tr>
<tr><td>很少</td><td>3A</td><td>3B</td><td>3C</td><td>3D</td><td>3E</td></tr>
<tr><td>不可能的</td><td>2A</td><td>2B</td><td>2C</td><td>2D</td><td>2E</td></tr>
<tr><td>尤其的</td><td>1A</td><td>1B</td><td>1C</td><td>1D</td><td>1E</td></tr>
<tr><td>不可能</td><td colspan="8"></td></tr>
</table>

① 改编自 ICAO 2013 年第三版《安全管理手册（SMM）》（Doc 9859）。

当使用安全风险评估矩阵时，必须定制疲劳程度和可能性分类表。换句话说，为了评估不同类型的疲劳风险，使用矩阵，按照不同的疲劳严重程度分类，以更好地反映各种可能影响疲劳性能的后果。分类将取决于使用的疲劳严重程度分类的类型。严重程度分级如表 7.2 所示。

表 7.2 疲劳严重度分级

山姆-佩雷利评分	意 义	价 值
7	完全耗尽，无法有效地发挥作用	A
6	中度疲劳，很难集中	B
5	适度疲倦，放下	C
4	有点累了	D
3	有点新鲜	E
2	非常活泼，反应灵敏，不在高峰	E
1	完全清醒警觉	E

7.4.5 风险缓解

风险评估过程确定是否需要减轻疲劳危害。在选择疲劳的缓解时最重要的是考虑相关的疲劳风险的评估水平。所有的缓解措施需要资源（如精力、时间、成本）。有限的资源必须优先合理使用，缓解疲劳最需要的是有效地控制风险。

选择有效的疲劳缓解措施都是要依托于疲劳数据的，而不是随便列举一些措施。当判定需要对某一疲劳危险采取行动时，必须确定和实施控制和缓解措施。疲劳安全行动小组应该运用专业知识来选择控制和缓解措施。管制员及所有相关人员都应该清楚地了解该疲劳危险以及旨在减轻相关风险的控制和缓解措施。如果控制和缓解措施的实施情况达到可接受的标准，它们就会成为正常运行的一部分，并由管制员疲劳风险管理的安全保障过程监测。如果控制和缓解措施的实施情况未达到可接受的标准，那么就要重新进入疲劳风险管理过程的适当步骤再重新评估相关风险并制定缓解措施。

7.5 管制员疲劳风险管理措施

在评估疲劳风险管理具体适用于哪些特定情况的措施时，应考虑以下内容：

（1）必须明确与疲劳相关的机能消耗是否会影响管制技能，因为没有一项单一的测量可以全面了解管制员目前的疲劳程度。

（2）选择疲劳措施时要考虑的最重要的事项是疲劳风险的预期水平。所有措施都需要通过资源（财务和人员）进行数据收集和分析。有限的资源需要有效地用于识别疲劳危害，并帮助FSAG优先考虑最需要控制和缓解的地方。

（3）可以选择一套核心措施进行日常监测。例如，疲劳报告和计划与实际计划的定期分析可用于持续监测疲劳危险。

（4）如果发现潜在的危害并且FSAG决定需要更多的信息，则可以使用额外的措施范围。所选择的措施需要反映预期的风险水平。

（5）需要在收集足够的数据之间保持平衡，使FSAG对其决策和行动有信心，以及数据收集可能对管制员的额外要求。

在疲劳风险管理过程中，数据可用于产生疲劳的安全性能指标（SPIS）。SPIS提供度量监测控制和缓解疲劳的效果。如果趋势在SPIS中表明，目前的缓解措施是不足够的，疲劳的危险仍然存在，那么这个问题详细的风险评估应符合运行单位的流程和新的缓解措施，SPIS是可以接受的价值观和目标需要。这些可接受的价值观和目标需要适当的风险水平，在一个给定的运行中，并在“可容忍”或“可接受”的风险评估区域。

如果缓解措施执行到一个可接受的标准，这些措施将作为系统正常运行的一部分。如果疲劳的危害没有降低到一个可接受的水平，就必须循环进入到系统中其他适当的步骤。同时，要求附加信息和数据的采集、与风险相关的安全风险的重新评估，实施和评估新的控制和缓解措施。

7.6 管制员疲劳安全保障过程

7.6.1 安全保障流程

管制员疲劳风险管理系统和其他系统一样，有自有的系统安全保障过程，在对风险进行识别、评估缓解的基础上，可根据系统的实施反馈情况进行管制员疲劳风险管理系统安全保障。管制员疲劳风险管理系统安全保障同样是管制员疲劳风险管理日常运行工作的一部分，它们监测整个管制员疲劳风险管理系统的运行情况，同时也是空管单位应对疲劳相关风险的另一个防御层。

管制员疲劳风险管理安全保障过程必须具备以下几点：

（1）核查管制员疲劳风险管理系统是否在按照预定的方式运行。

（2）核查管制员疲劳风险管理系统是否达到管制员疲劳风险管理系统政策所确定的各项安全目标。

（3）核查管制员疲劳风险管理系统是否满足各项监管要求。

（4）查明运行环境中哪些变化有可能增加疲劳风险。

（5）查明疲劳风险管理中可以改进的方面（不断改进管制员疲劳风险管理系统）。

除此之外，疲劳风险安全保障过程还可根据空管单位组织内部和外部所提供的信息和专家意见来评估管制员疲劳风险管理系统的运行情况；评估安全绩效指标的趋势，识别新出现的或发生了变化的危险，并将这些危险信息反馈给疲劳风险管理过程；查明运行环境中可能影响疲劳风险的各种变化，再将这些变化信息反馈给疲劳风险管理过程；就改进管制员疲劳风险管理系统运行的方法提供意见等。其具体的过程如图 7.5 所示。

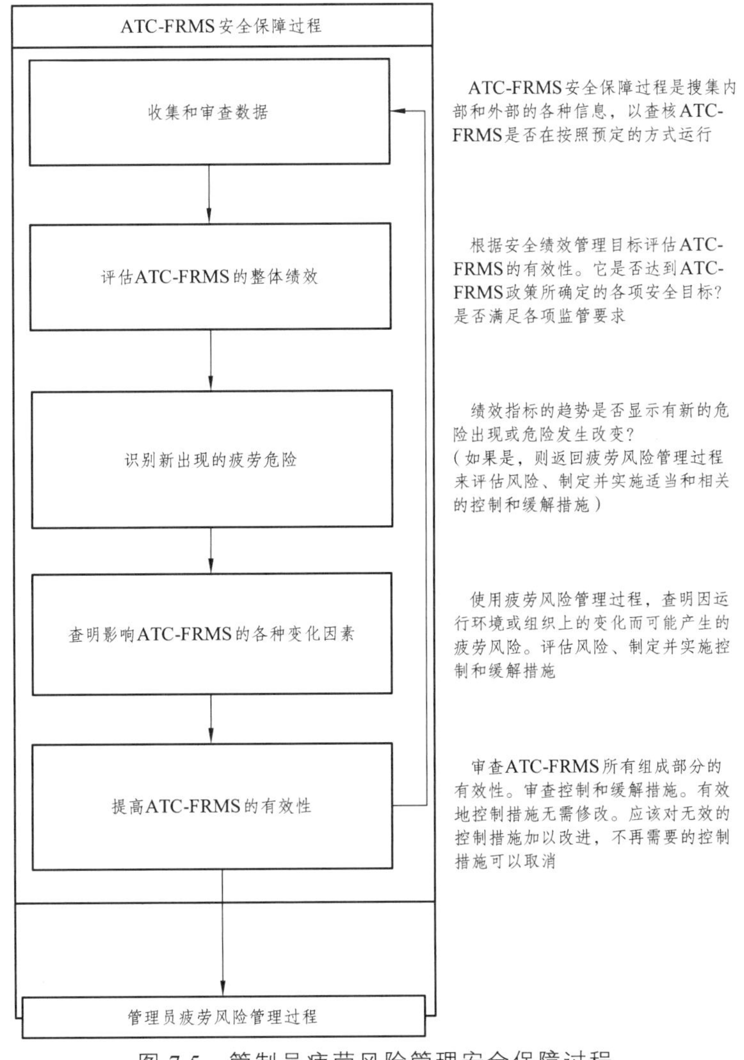

图 7.5　管制员疲劳风险管理安全保障过程

必须明确的是，管制员疲劳风险管理安全保障过程使用的各类数据和信息是在一段时间内加以测量和监测的安全绩效指标数据。在实际应用中，可采用多种安全绩效指标，并对每个安全绩效指标设定一个安全目标，这样能比采用单个衡量标准更准确地反映管制员疲劳风险管理系统的整体绩效。

7.6.2 安全保障内容

1）收集和审查数据

汇集并审查通过管制员疲劳风险管理过程获得的信息，以检查管制员疲劳风险管理系统的总体绩效。通过确定各类安全绩效指标，来检查该疲劳风险管理系统的绩效。这些安全绩效指标应该包括疲劳风险管理系统特有的安全绩效指标以及安全管理体系的安全绩效指标。疲劳风险管理系统特有的安全绩效指标将包括通过管制员疲劳风险管理过程获得的测量标准。安全绩效指标可通过分析危险报告与调查、审计与调研审查与疲劳研究等内容加以确定。安全管理体系中的安全绩效指标包括：与其他自愿危险报告有关的疲劳报告数；与特定职责或职责模式相关的疲劳报告频率；服务提供者的超越频率确定缓冲区；对约定的外边界的批准运行单位超越频率。

2）系统绩效评估

通过分析步骤 7.2.1 中的数据，验证疲劳控制和缓解措施的有效性，以核查：

（1）所有规定的管制员疲劳风险管理系统安全绩效目标是否都已达到。

（2）所有规定的管制员疲劳风险管理系统安全绩效指标是否保持在风险评估过程所定义的可容忍范围内。

（3）该系统是否达到管制员疲劳风险管理系统政策所确定的安全目标。

（4）该系统是否满足所有的监管要求。

在未达到疲劳风险管理系统安全绩效目标，或安全绩效指标不在可接受的水平时，则可能需要通过重新执行疲劳风险管理过程的步骤 2 或其他步骤，修改所使用的控制和缓解措施。监管者应该要求空管单位在特定安全绩效指标达到一定数值时向其通报情况。然后，监管者就能评估空管单位计划如何处理这一问题并监测其工作进度。

7.6.3 识别新风险

通过分析安全绩效指标的趋势，可能发现一些未在之前的疲劳风险管理过程中识别出来的新出现的疲劳危险。例如，组织内某一部门的变动可能会增加另一部门的工作负荷和疲劳的相关风险。识别新出现的疲劳风险是管制员疲劳风险管理系统安全绩效过程的一个重要职能，而管制员疲劳风险管理系统安全绩效过程所采取的系统视角比管制员疲劳风险管理过程更为广阔。任何新识别的疲劳风险或无法用现行控制措施有效处理的现有风险组合，均应反馈给疲劳安全行动小组，由该小组采用疲劳风险管理过程（风险评估、设计并实施有效的控制和缓解措施）对其进行评估和管理。

7.6.4 明确变化因素

在动态的管制运行环境中，航空器运行状态发生变化是一种正常的现象。这种变化可能会给管制工作带来新的疲劳危险，需要对这些危险进行管理。这种变化也可能会降低那些为管理现有疲劳危险而实施的控制和缓解措施的有效性。管制员疲劳风险管理系统安全保障过程步骤 4 旨在查明所发生的变化什么时候可能会引起新的危险。运行环境中的各种变化也可能要求对疲劳风险管理系统本身做出修改，例如将新的运行方法纳入疲劳风险管理系统的范围，收集不同类型的数据和调整培训方案等。疲劳安全行动小组应该提出此类修改的建议，并获得相关管理部门对这些修改的批准。明确变化因素也包括业绩变化和管理计划的变更等，主要包括识别可能导致疲劳风险的运行环境的变化，识别组织内可能引入疲劳风险的变化等。

7.6.5 提升系统效率

通过实施疲劳风险管理系统安全保障过程进行持续评估，不仅能够调整管制员疲劳风险管理系统，使其满足不断变化的运行需要，还能不断改进该系统管理疲劳风险的水平。这样就可以通过实施疲劳风险管理过程，查明、修改或取消会产生意外后果或因组织环境发生变化而不再需要的风险控制措施，例如对设施、设备、文件和程序进行定期评估，确定是否需要实施新的过程和程序，以缓解新出现的与疲劳相关的风险。疲劳安全行动小组必须将对管制员疲劳风险管理系统所做的各种修改记录在案，以便用于内部和监管审计。

安全保障过程，提供了一种手段来监控一个运行单位的整体表现，它不仅提供手段来保证足够的疲劳管理维护,也对运行单位进行持续不断的改进。

其主要包括消除和/或修改的风险控制有意想不到的后果或不再需要由于业务或组织环境的变化；对设施、设备、文件和程序进行例行评估；识别需要引入新的流程和程序，以减轻出现疲劳相关的风险。

7.7 管制员疲劳系统监管审计

7.7.1 衡量因素

管制员疲劳风险管理系统要求采用基于绩效的监管方法，而实施任何基于绩效的监管方法都会给监管者带来特殊的挑战。基于绩效的监管不是要求确定所规定的要求，然后监测对这些要求的遵守情况，而是要求确定可接受的绩效结果，并对获得这一结果所依赖的系统进行验证。对于是否具备开展疲劳风险管理的基础条件，首先各国需要根据本国实际情况进行衡量，可将国家监督系统的成熟度作为一个衡量指标，将缺乏有效实施率作为一种衡量工具。国家应该已经具备：① 与国际标准相符的全面监管；② 持续的监管；③ 有效的事故征候与事故调查；④ 聘用足够数量的合格人员；⑤ 持续遵守行业制定的监管要求；⑥ 有效的危险与事故征候报告系统；⑦ 持续协调各种地区方案；⑧ 有效的行业内危险与事故征候报告与分析。

各国根据评估情况转移本国的管理重心，缺乏有效实施率的国家可将精力集中在以下领域：① 全面实施其国家安全方案（SSP）；② 采用提升安全的技术；③ 持续改善民航系统；④ 持续使用由行业建立的安全管理体系（SMS）；⑤ 持续采用由行业制定的行业最佳做法；⑥ 统一行业安全策略。

7.7.2 监管机制

各国如果决定允许其空管单位选择采用管制员疲劳风险管理系统，就要根据国际民航组织的管制员疲劳风险管理系统标准制定基于绩效的规章，并且继续维持和监督规定性的值勤限制。

使用者所在国一旦决定制定管制员疲劳风险管理系统规章，监管者就有必要确定其到底期望空管单位在整个实施过程中做些什么，才能最终获准实施管制员疲劳风险管理系统。

管制员疲劳风险管理系统一经批准，使用者所在国就要负责持续监测该国各空管单位管制员疲劳风险管理系统的有效性，监测其是否符合各项规章，监测其是否表现出了可接受的绩效水平、组织情况的变化以及空管单位外部压力、经济问题和整体绩效等多种可能会影响管制员疲劳风险管理系统的有效性的因素。因此，在最终批准之后，对管制员疲劳风险管理系统的监督构成了监管者对空管单位定期监察方案的一部分。在对各空管单位的管制员疲劳风险管理系统进行监督时，监管者将通过审查商定的管制员疲劳风险管理系统绩效目标作为检查该单位管制员疲劳风险管理系统安全保障职能的证据。监管者应该努力确保所有的管制员疲劳风险管理系统过程在其所适用的特定运行环境中协同运作。

7.7.3 审计过程

疲劳风险管理系统审计主要是对运行单位内部的疲劳管理监察系统和程序进行分析，对于一些主要元素进行年度审计。审计的内容涵盖疲劳管理系统的每一组成部分，确定它们是否对于工作场所疲劳发挥有效的缓解作用和做出贡献。

1）审计目标

确认：政策和程序的已知水平；风险管理程序的应用；安全管理系统的适应性。

评估：基于计划和实际情况的工作小时日常 FAID 数据输出；日常的例外情况报告；工作排班表的抽样；原有的排班表更新或者修改；教育和训练资料；持续的改善程序。

2）有效性调查

在执行之后第一年和此后至少每三年，对于管制员进行调查，测定现行疲劳管理对策的有效性，以及工作、家庭、社会生活对于管制员疲劳的影响。

3）审计报告

将审计结果以书面报告形式向行政主管机构和上级主管人员上报，所有管制员都可以看到这个审计报告。

4）审计小组

应成立专门的审计小组，小组内至少包括一个精通疲劳风险管理系统的人员。

7.8 疲劳风险管理过程和安全保障过程的关系

管制员疲劳风险管理过程与安全保障过程并不是各自独立的，在应用过程中两者是相辅相成、互相关联、互为促进的，这两套过程一起构成了管制员疲劳风险管理系统的“引擎”，两套程序都对所收集的信息和数据做出动态的反应，并且每一套程序都对另一套程序中的变化做出反应。其相互作用的过程关系如图 7.6 所示。

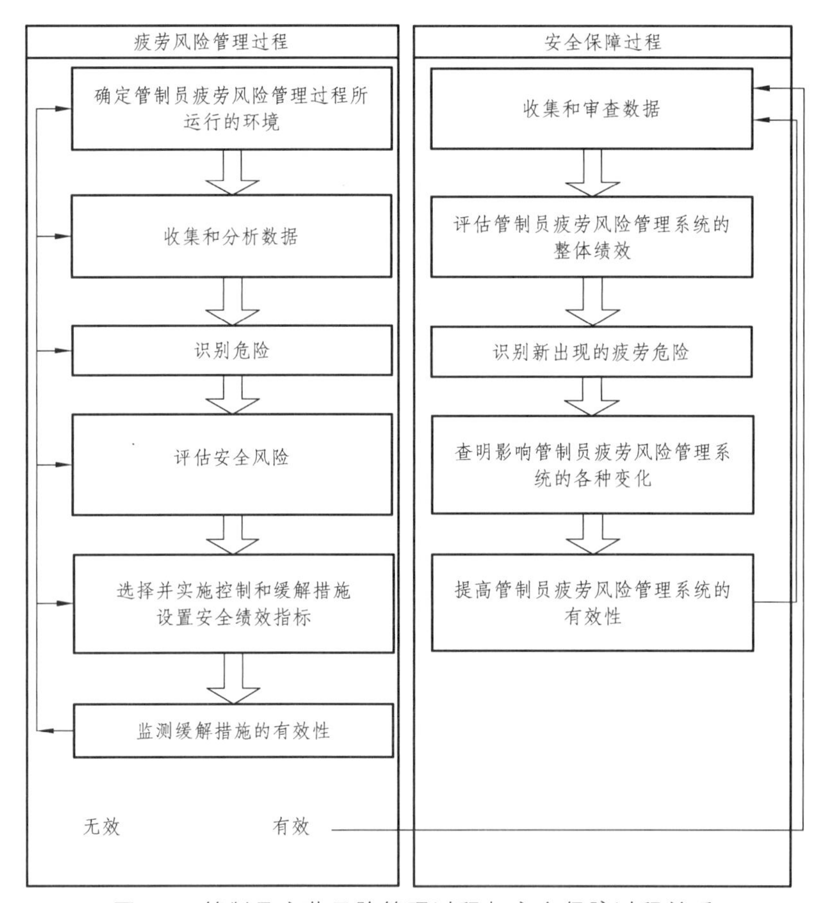

图 7.6 管制员疲劳风险管理过程与安全保障过程关系

管制员疲劳风险管理过程与安全保障过程是相互作用又相互促进的关系。管制员疲劳安全保障过程依托于管制员疲劳风险管理过程的顺利实施，与此同时，安全保障过程又是新一轮风险管理过程的先决条件，两者相辅相成、循环反馈、共同作用。

7.9 管制员疲劳安全促进过程

7.9.1 宣传计划

与安全管理体系类似，管制员疲劳风险管理系统也依赖于在空管单位组织内部进行有效的信息交流并大力宣传，将疲劳风险管理的核心内容传达到各相关部门。一方面，需要定期向所有利害攸关方传达有关管制员疲劳风险管理系统各项活动和安全绩效的信息。在实际运用时，各使用方根据自身组织结构的不同，可由不同部门负责，如由疲劳安全行动小组、安全管理体系或负责管制员疲劳风险管理系统信息交流计划的责任主管进行。另一方面，执行人员和其他利害攸关方也需要及时、清晰地将有关疲劳危险的信息传达给疲劳安全行动小组或其他相关管理部门。管制员疲劳风险管理系统宣传过程支持管制员疲劳风险管理系统的持续发展及其整体绩效的持续提升，并支持其达到最佳的安全水平。

7.9.2 培训计划

管制员疲劳风险管理的顺利开展，不仅要依托于空管单位的大力倡导和宣传，运营机构所有相关人员都应该接受培训并具备承担各项管制员疲劳风险管理系统责任的能力，还应该在该系统文件中具体说明初训和复训的标准。空管单位必须制定和实施以下方案和计划，作为其管理系统的一部分：首先必须确保管理人员、执行者及其他所有相关人员的能力与其在计划的管制员疲劳风险管理系统下的角色和职责相称的培训方案；然后制定有效的管制员疲劳风险管理系统信息交流计划，向所有利害攸关方解释该系统的政策、程序和责任，并说明用于收集和传播该系统相关信息的信息交流渠道。

管制员疲劳风险管理系统培训方案的制定需要首先明确培训对象、培训课程以及培训的目的内容等，继而可采取多种方式进行管制员疲劳风险管理系统的培训，根据实际情况，各运营机构可采取面授式培训、基于网络的学习或分散培训等形式。在开展培训课程后，需对管制员疲劳风险管理系统培训成果进行评估，以不断完善培训内容和丰富培训形式。同时，运营机构需要制定管制员疲劳风险管理系统信息交流计划，并将其作为管制员疲劳风险管理系统安全保障过程的一部分，定期对其进行评估。

一个运行单位管制员疲劳风险管理的成功实施，需要运行单位所有人员在安全性能方面有适当的培训。这包括有针对性的业务人员，调度专员，经营决策者和组织中的其他成员，疲劳安全行动组所有成员，以及参与整体运营风险评估和资源配置人员，还包括高级管理层，特别是负责运行单位各部门的业务管理高管和高层领导。

7.9.3 沟通计划

管制员疲劳风险管理系统培训方案显然是信息交流计划的重要组成部分。然而，培训的间隔时间一般较长（例如每年一次）。此外，需要持续向各利害攸关方传达有关管制员疲劳风险管理系统各项活动和安全绩效的信息，以便使疲劳处于“雷达监测之下”并鼓励所有利害攸关方持续做出努力。可以采用各类信息交流方式，包括电子媒介（网站、在线论坛、电子邮件）、新闻通讯、公告、研讨会和在战略性地点定期进行海报宣传活动。关于该系统活动和安全绩效的信息（来自疲劳安全行动小组或其他指定管理部门的）需要做到清晰、及时和可信赖，即与事实和之前的陈述内容一致。所提供的信息还需与不同利害攸关方的需求和职责相符，避免让人们收到大量与其不相关的信息。

来自一线管制员的信息对识别疲劳危险，提供关于控制和缓解措施的有效性的反馈信息，以及为疲劳风险管理系统安全绩效指标提供信息（如管制员参与调研和疲劳监测研究）等方面是至关重要的。为确保这些信息是公开的、真实的，管制员疲劳风险管理系统的所有利害攸关方都需要清晰地理解有关数据的保密性和有道德地使用由管制员提供的信息等政策。还需要明确规定与疲劳相关的非过失安全事件和可招致处罚的故意违规之间的界线。信息交流计划需要在管制员疲劳风险管理系统文件中予以说明，并作为该系统安全保障过程的一部分，定期对其进行评估。

7.9.4 疲劳自愿报告

建立管制员疲劳风险管理系统，可以促使管制员形成自愿报告的良好意识，同时空管运行单位必须加强安全文化建设以及采用人本管理原则，鼓励管制员自愿报告自己的疲劳状态，以及是否对运行安全产生一定的影响。同时也可以将管制员自愿报告形成一个系统，通过数据记录的形式展现管制员疲劳频率和时段，从而对疲劳致因及其防控措施提供反馈参考信息。

建立疲劳自愿报告系统，可以从源头控制管制员疲劳所造成的风险，从而达到事前控制的目的，也进一步完善管制员疲劳风险管理系统。

7.10 FRMS 实施方法

7.10.1 实施总则

传统的疲劳管理方法是通过限制管制员的休息时间、值班时间和工作小时数来避免疲劳。然而，如前所述，疲劳是一个相对的，而不是绝对的状态。我们在昼夜节律、排班表、人力资源、工作环境等各个互相矛盾的因素中，往往需要全盘考虑而寻求一个最佳的平衡，这就需要全面、科学、系统地进行疲劳管理。

ICAO 建议，可先从主观和客观两个方面开展管制员疲劳管理相关工作，定期进行质量审核；也可先拟订管制员疲劳管理指南，结合本国情况开展管制员疲劳管理工作。ICAO 还建议，各国管制单位提交空中交通管制员的工作时数和限制的基本框架至国家层面，形成特殊行业的国家劳动法规。另外，IFATCA 要求各国制定值班时间法规，针对疲劳管理的原则，建立可行的管制员疲劳管理系统，并将此作为安全目标水平的关键要素。

建立和实施 ATC-FRMS 是一项系统工程，需要各相关方共同努力，并相互协调与支持，这样才能保证 ATC-FRMS 顺利实施，并取得最大化的运行效益。

7.10.2 实施步骤

现有组织管理模式向疲劳风险管理系统的过渡的步骤与执行流程有:① 职责的指定；② 和管制员代表充分沟通和协商；③ 发展政策、标准、程序和局部的协商与分析程序;④ 超过额定疲劳等级限制的不可预见事故的管理和责任；⑤ 对安全管理系统管理文件进行彻底地更换或更新；⑥ 对运行文件进行彻底的更换或更新;⑦ 利用疲劳管理风险的研究成果作为指导方针分析目前所有的排班表；⑧ 减少原来排班表的疲劳影响；⑨ 向管理者提供一个工具或者清单，识别加班的疲劳影响；⑩ 在风险最低的基础上安排加班的实施程序，实施监察和的改善程序。

各国在确定实施管制员疲劳风险管理系统后，可根据本国的实际情况，分阶段实施管制员疲劳风险管理系统。其具体过程为：

第Ⅰ阶段由空管单位制订一个整体规划，向监管者展示管制员疲劳风险管理系统将如何发挥作用、如何将其与空管单位组织的其他部分相整合、由谁对管制员疲劳风险管理系统负责以及由谁负责确保完成管制员疲劳风险管理系统的实施。

第Ⅱ阶段是空管单位实施疲劳风险管理过程。具体过程是收集和分析与管制员疲劳风险管理系统所涵盖的运行相关的现有信息和数据，可供使用的信息类型包括机密安全报告、事故报告和事故征候调查、审计和历史排班数据。该阶段的活动主要是整合组织内现有的各种疲劳风险管理过程和程序，并采取控制和缓解措施，对在现有系统内查明的缺陷进行管理。

第Ⅲ阶段在第Ⅱ阶段所建立的疲劳风险管理过程中加入主动性的和预测性的疲劳危险识别过程，从而达到对管制员疲劳风险管理系统进行协调的安全分析。

第Ⅳ阶段启动管制员疲劳风险管理系统安全保障过程，并在适当的时候与空管单位的安全管理体系和组织的其他部分相整合。

监管者还应该审查空管单位的实施计划，包括差距分析、管制员疲劳风险管理系统准备适用的运行、主要参与人员和预期的时间表，旨在及早发现空管单位实施管制员疲劳风险管理系统的能力中需要改进的任何方面，以免造成投入的资源浪费。

7.10.3 具体措施

1）国家层面

空管单位提交空中交通管制员的工作时数和限制的基本框架至国家层面，国家提供平台以形成特殊行业的国家劳动法规以及国家行的规范文件和政策等。

2）监管机构层面

监管机构制定相应的法规文件，基于安全管理原则，建立可行的 ATC-FRMS，将此作为安全目标水平的关键要素，并定期进行质量审核和监督。

3）空管单位层面

空管单位结合本国实际情况，拟定具体的管制员疲劳风险管理实施手册，从主观和客观两个方面开展管制员疲劳风险管理的相关工作。

4）一线运行层面

结合一线运行实际，合理制定管制员执勤排班制度，深入开展疲劳风险管理文化宣传，鼓励管制员自愿报告疲劳及其引发的不安全事件，加强安全文化建设。

7.11 小 结

本章主要介绍了管制员疲劳风险管理系统的定义、构建原则以及与安全管理体系的相互关系，重点介绍了管制员疲劳风险管理的过程、风险管理的内容、风险管理措施、安全保障过程、系统监管审计、安全保障过程、安全促进过程以及管制员疲劳风险管理系统的实施方法，整体构建了管制员疲劳风险管理体系。

8 管制员疲劳不安全事件统计分析

对近年来国内外民用航空由于管制员疲劳造成的不安全事件进行统计分析，常用的统计分析图形有柱状图、趋势图、管理图、扇形团和分布图等。空管不安全事件指由于在飞行阶段中发生的航空器损坏、人员受伤和其他影响飞行安全的事件。不安全事件按照对飞行安全的危害程度分为事故、事故症候和其他不安全事件三个等级。由管制差错造成的飞行事故或事故症候称为管制事故和管制事故症候。

管制差错：① 严重差错，如飞行取消、返航、备降，在航空器仪表进近着陆时，错误地关闭导航设备或同时开放同频双向导航设备，并以此实施管制、指挥航空器起降过程中违反尾流间隔规定、影响邻近管制区管制单位的正常工作,或者致使航空器飞出该管制区 10 分钟以后仍未与下一管制区建立无线电联络、值班过程中脱离岗位或睡觉；② 管制差错，如误将航空器指挥飞向炮射区、禁区、危险区，但进入前得到纠正，航空器能见飞行时，开错或误关导航设备，或同时开放同频双向导航设备、航班延误达数分钟以上、未按规定进行管制移交，造成接受方工作被动，两航空器纵向、侧向、垂直间隔小于规定的间隔数据，但大于规定的间隔数据的二分之一，值班过程中不填写飞行进程单。

8.1 国内管制员疲劳不安全事件统计

据相关统计，2010—2016 年，国内民航共发生空管原因不安全事件 108 起，分别是 2010 年 13 起、2011 年 14 起、2012 年 16 起、2013 年 23 起，2014 年 10 起、2015 年 14 起、2016 年 18 起，其中由于管制员疲劳导致的不安全事件有 8 起，约占全部的 0.74%。

8.2 国外管制员疲劳不安全事件统计

国际航空运输协会（International Air Transport Association，IATA）年度安全报告显示，2011—2015 年民用航空飞行事故中，空中交通服务导致的事故占 8%，位居全部 33 个威胁安全因素前十。美国航空安全报告系统（Aviation Report System）数据统计，2011—2015 年美国有记载或报道的不安全事件共 26 535 起，这些不安全事件中，空管引起的不安全事件有 3 970 起，约占 14.96%；空管不安全事件中，由于管制员疲劳导致的不安全事件有 35 起，约占 0.88%。

8.3 管制员疲劳不安全事件案例分析

8.3.1 国内管制员疲劳不安全事件案例统计

（1）2011 年 2 月 28 日，由于管制员指挥失误，导致国航航班与神龙航班在重庆区域管制室 01 扇区发生飞行冲突。调查结果表明，由于管制员疲劳，管制员遗忘航空器飞行动态，没有意识到错误并进行违规指挥，是造成此次事件的直接原因。

（2）2011 年 5 月 29 日，广西空管分局发生一起由于管制员遗忘航空器飞行动态而造成的不安全事件，管制席管制员由于未利用进程单进行冲突预测，为实施有效的雷达扫视，遗忘了 8 100 m 对头飞行 CES745 航班的飞行动态，指挥另一架航空器从 4 800 m 直接上升航线高度 9 200 m，造成此次不安全事件的发生。事后调查表明，由于管制员在前一时段一直处于高压负荷的工作状态下，精神高度集中后感觉更加疲劳，导致遗忘了航空器的飞行动态。

（3）2014 年 7 月 8 日，湖北空管分局发生一起塔台管制员睡岗，造成一架进近航空器复飞的不安全事件。进行原因分析时，发现带班主任几乎和值班管制员同时睡着，现场管控不到位，责任意识不强，针对两名人员都感觉到疲劳时，带班主任和塔台管制员几乎没有任何沟通，更没有采取相应的防范措施，导致发生不安全事件。

（4）2014 年 8 月 22 日，华东空管局由于管制员注意力不集中，遗忘穿越航空器动态，错误发布起飞指令，造成两架航空器在起飞之前发生冲突，引起不安全事件，管制员疲劳等因素是此次事件发生的潜在原因。

（5）2015 年 4 月 1 日，在重庆江北机场发生了一起因管制员遗忘航班动态，造成 D 类跑道侵入的不安全事件。事后查明，由于重庆江北机场附近建设施工，机场终端现场管控能力下降，加上复杂环境影响管制员的相关管制工作，管制员产生一定程度的疲劳，导致注意力不集中而遗忘航班动态。

（6）2016 年 7 月，上海进近，由于当时区域内冲突较多，管制员工作负荷大，致使其忘记飞机飞行动态，导致两架飞机出现告警。

（7）2016 年 8 月，昆明区调，深圳—昆明与昆明—深圳两架飞机同航路相对飞行，两机对头 33 km 时，管制员指挥下降 8400 m 保持，40 秒后出现 PCA 告警，由于当时管制员超负荷工作，精力分配不足，当管制员发现后，两机水平相距 17.4km，管制员随即指挥两飞机右转避让，1 分钟后 CA 告警，两机水平距离 8.8km，垂直距离 60 m。

据中国民航资源信息网的统计，截至 2013 年，我国运输航空由不同原因引起的不安全事件如表 8.1 所示。

表 8.1　2009—2013 年上半年我国民航其他不安全事件按原因统计

类型	2009 年		2010 年		2011 年		2012 年上半年		2013 年上半年	
	次数	百分比	次数	百分比	次数	百分比	次数	百分比	次数	百分比
机组	116	4.49	242	5.93	508	7.21	373	7.35	380	6.64
机务	47	1.82	44	1.08	77	1.09	38	0.75	39	0.68
机械	568	22.01	778	19.07	1124	15.96	733	14.45	670	11.71
空中交通管制	13	0.50	2	0.05	15	0.21	27	0.53	44	0.77
空军航行管制	3	0.12	28	0.69	34	0.48	12	0.24	21	0.37
民航航务管理	1	0.04	3	0.07	4	0.06	1	0.02	1	0.02
地面保障	141	5.46	258	6.33	348	4.94	232	4.57	295	5.16
天气、意外原因	497	19.26	848	20.79	1698	24.11	1058	20.86	1400	24.48
其他（含扎胎）	1193	46.22	1839	45.08	3198	45.41	2517	49.63	2797	48.90
责任待定	2	0.08	37	0.91	31	0.53	81	1.60	73	1.28
总计	2581	100.00	4079	100.00	7047	100.00	5072	100.00	5720	100.00

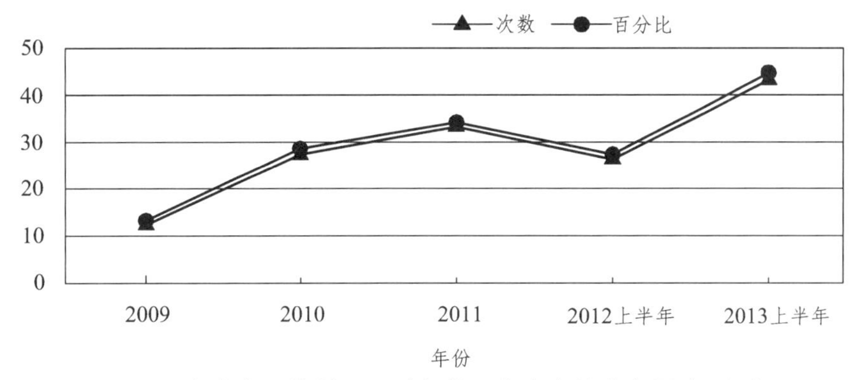

图 8.1　空中交通管制原因引起的不安全事件分布图（5 年）

由表 8.1 和图 8.1 可得出：2009 年到 2013 年上半年，由于管制原因造成的不安全事件呈上升趋势，共有 101 次；2013 年上半年，共发生空中交通管理其他不安全事件 44 次，其按照事件类型可以分为以下 3 类，如图 8.2 所示。

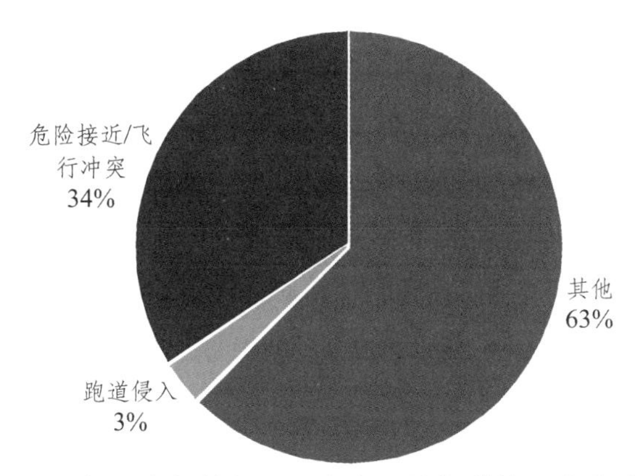

图 8.2　2013 年上半年管制原因安全风险指数按照事件类型分析

从图 8.2 可以看出，空中交通管理主要造成危险进近/飞行冲突、跑道侵入、其他等类型事件；造成危险进近 34 起，跑道侵入约 3 起，其他不安全事件 64 起。事后统计分析结果表明，这些不安全事件主要是和管制员遗忘飞机飞行动态、管制员睡岗、管制员发布错误指令、不同管制单位的管制员之间交接不顺畅等因素有关，并且这类原因造成的不安全事件数量呈上升趋势。

8.3.2 国外管制员疲劳不安全事件案例统计

（1）2013 年 9 月，美国某终端雷达进近管制室发生了一起离场航空器和进近等待航空器低于规定垂直间隔的不安全事件。当班管制员让进场航空器保持 12 500 英尺[①]高度盘旋，优先离场航空器爬升高度。此冲突解决后又一架离场航空器到达管制区，管制员指令此航空器上到高度 16 000 英尺。此时带班人来换班，当班管制员忙于交接，当发现冲突时下指令离场航空器左转 10°，而实际上此冲突应右转来解决，事后报告当时管制员心里想的也是右转。最后离场航空器报告 TCASRA 告警，保持高度 12 000 英尺。报告显示，管制员当天工作多个时段，引起心理疲劳，出现情景意识混乱，致使发错指令。

（2）2014 年 9 月，丹佛国际机场进近雷达管制室发生了一起五边进近的两架航空器低于规定垂直间隔的不安全事件。当天由于天气恶劣，管制员不得不引导扇区内航空器偏航来躲避雷暴，这极大地增加了管制负荷；加之带班主任让该管制员独自上岗，没有助理管制员协调飞机，管制员工作强度极大；另外大流量进近飞行器使后续压力持续不断。前面的管制负荷使管制员极度疲劳而出现判断和决策能力下降，而此时当飞行员报告雷击，管制员试图询问飞机状况时出现的通信失效，直接导致了这起不安全事件的发生。尽管两架飞机安全落地，但突发的天气原因、设备原因及排班原因等导致管制员疲劳，严重威胁飞行安全。

（3）2015 年 8 月，蒙特利尔半岛机场发生了一起由于塔台管制员长时间处于工作状态，休息 15 分钟后与其他管制员交接班时，因缺失情景意识而造成严重的跑道入侵事件。该管制员同意地面管制指挥拖车拖行航空器穿越跑道，却忘记该跑道有正在起飞的飞机。该机场由于管制员退休，人员紧缺，强制性要求管制员一周工作六天，当班管制员一人连续在岗两个小时，管制员出现精力不足、注意力分散的疲劳表现，最后导致这起不安全事件的发生。

（4）2015 年 9 月，亚特兰大机场发生了一起进近飞行器小于间隔的不安全事件，而后引起起飞航班大量延误或取消。据当班管制员报告，该终端雷达进场管制一直处于大流量状态，而天气原因使其他扇区航班偏航到该扇区，加大了管制工作负荷。当时接收的飞机以高速而不足的间隔飞入该扇区，管制员向带班主任报告情况，请求暂停接受飞机，但带班主任并未做出反应。当班管制员一周工作六天，疲劳累积效应之下，当日并不适合继续工作，而大流量使管制员更加疲劳与焦虑，最后发生不安全事件。

---

① 1 英尺（ft）=0.3048 米（m）。

（5）2016 年 3 月，芝加哥奥黑尔国际机场发生了一起由于管制员疲劳导致两架飞机被批准在同一条跑道同时滑行通过和起飞的不安全事件。

8.4 管制员疲劳不安全事件特征统计分析

8.4.1 管制单位分布特征

如图 8.3 所示，从现有统计数据看，区域管制单位发生的管制员疲劳不安全事件共发生了 53 起，占 52%；而塔台发生了 30 起，占 30%；进近仅发生了 18 起，占 18%。区域范围发生的疲劳不安全事件远高于塔台和进近，由于区域管制范围的空中交通活动总量（架次×平均飞行时间）是塔台和进近管制单位的近 10 倍。从发生管制员疲劳不安全事件的比率来看，塔台和进近管制实际上要远高于区域管制，这证明塔台和进近管制空域狭小、飞行情况复杂，加大了管制难度和管制员负荷，从而直接或间接诱发管制员疲劳。

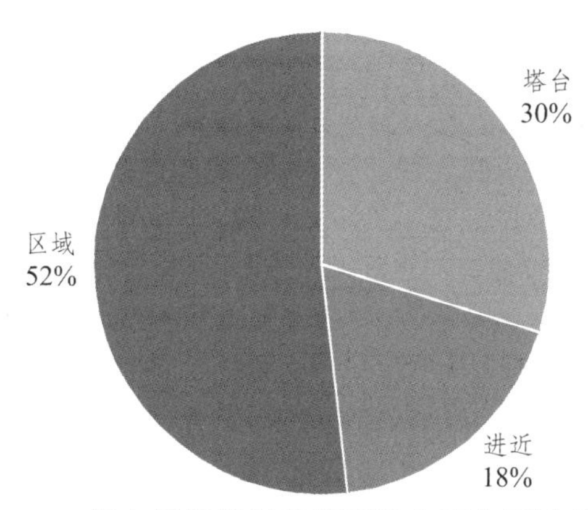

图 8.3 2013 年上半年管制疲劳不安全事件不同单位分布

8.4.2 飞行阶段分布特征

如图 8.4 所示，从现有统计数据来看，管制员疲劳不安全事件与飞行阶段存在一定关系。航空器在爬升、巡航和下降阶段中管制员疲劳引起的不安全事件远高于其他飞行阶段。

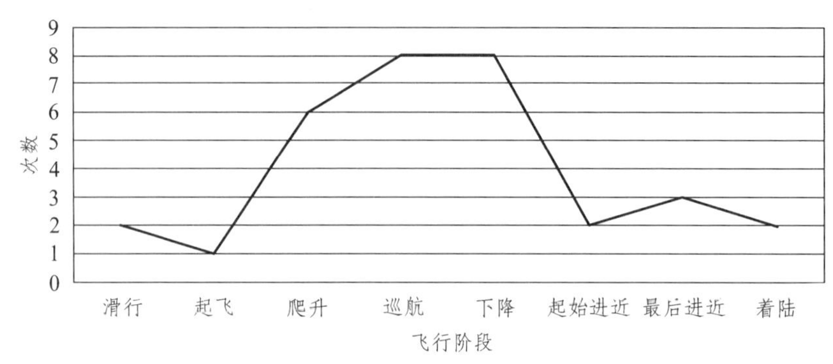

图 8.4 管制员疲劳不安全事件不同飞行阶段分布

由图 8.4 可看出，对于区域管制，由于管制空域面积大，管制员需要频繁地给出上下高度和对多名飞行员发布保持间隔的指令，极易给管制员带来心理上和生理上的疲劳。塔台进近管制单位，虽然管制空域狭小，但由于管制环境的多变，高峰时段航班的密集，管制员的精神状态时而高度紧张，时而非常放松，一张一弛极易造成疲劳。同时，宏观和微观的管制环境限制了管制员的自我调整适应性，管制员需要投入相当大的精力按规定程序操作，这样一种持久重复的状态，容易导致管制员产生倦怠和潜在排斥的心理和生理障碍问题。

8.4.3 地区分布特征

从现有数据统计看，以美国为例，管制员疲劳不安全事件大多发生在美国东部沿海和西部沿海等相对发达、流量相对较大城市，其中佛罗里达机场是世界上最繁忙的机场之一。

在国内，管制员疲劳不安全事件相对于地区的分布情况如图 8.5 所示。2009—2013 年发生在东北地区的占 7%，发生在华北地区的占 18%，发生在华东地区的占 32%，发生在中南地区的占 42%，发生在西南地区的占 13%，发生在西北地区的占 7%。这一结果也间接地证明，中南地区特别是广州管制空域附近，由于空域复杂，航班流量大，管制员工作负荷高，容易造成不安全事件的发生。

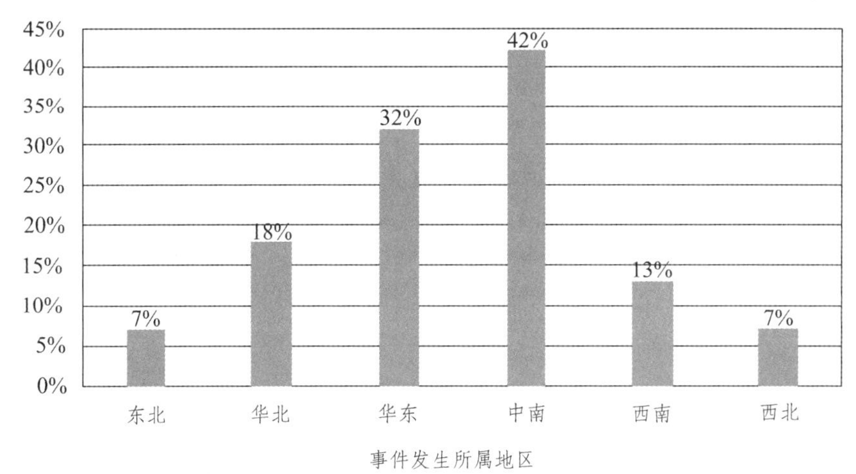

图 8.5 管制员疲劳不安全事件不同地区分布

8.4.4 工龄分布特征

以现有数据为基础，结合图 8.6 发现，在 43 起管制员疲劳不安全事件中，3 起当事管制员工龄分布在 2 ~ 5 年，占 7%；15 起当事管制员工龄分布在 5 ~ 8 年，占 35%；25 起当事管制员工龄在 8 年以上，占 58%。从数据可以看出，管制员工龄越长，越容易产生疲劳不安全事件。这是由于工龄在 5 年以上的大多为老管制员，自身身体调节能力较低，而且多年的工作时间也容易使他们产生疲劳积累，一旦发生疲劳便很难从疲劳的状态中恢复过来，从而导致不安全事件；而工龄在 5 年以下的管制员，大多是新管制员，刚从学校毕业的他们更能遵守规则，严以律己，加之他们年轻，身体调节能力强，很容易从疲劳的状态中恢复过来，这也大大减少了因自身疲劳而导致的不安全事件发生。

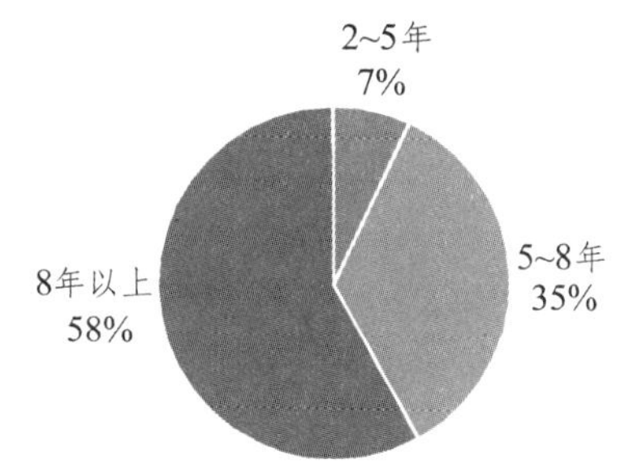

图 8.6 管制疲劳不安全事件不同工龄分布

8.5 管制员疲劳不安全事件与疲劳差错的关系

管制员疲劳不安全事件所涉及的原因是多方面的，但从收集资料统计（表 8.2）看，由于管制员个人因素所造成的不安全事件所占的比重是最大的。因此，减少由于管制员个人原因所造成的管制不安全事件是提高民航飞行安全最行之有效的措施之一。这些不安全事件的产生可能有以下原因：

表 8.2 管制员疲劳不安全事件影响因素统计

影响因素	发生数量	占事件比/%	占因素比/%
人的疲劳差错	30	69	36
天气	9	33	12
空域结构	6	22	8
人员配备	11	41	15
工作程序	16	59	21
空管设备	2	7	3
航空器	1	3	1
其他	3	11	4

（1）个人原因：个人违规操作，注意力分配不当，疲劳上岗，在大流量的情况下管制混乱，特情处置能力差，未认真收听飞行员复诵，班组配合不当，未实施有效监控，个人管制技能，交接班有误或不顺畅等 10 种原因。

（2）人与人之间的关系原因：未认真收听飞行员复诵，班组配合不当，未实施有效监控，管制区间移交协调不够，未掌握航行情报资料，交接班有误或不顺畅等 6 种原因。

（3）设备原因：雷达信号迟缓或信号丢失，无线电通信失效。

（4）环境原因：地空通信频率严重干扰，恶劣天气和气候条件差，能见度差，空域结构复杂等 4 种原因。

（5）管理原因：工作程序不合理，管制员休假制度不合理，值班过程中脱岗，带班主任督促检查不力，排班不科学导致管制员超时工作或疲劳工作，未执行双岗制等 6 种原因。

由于原始记录不详尽、文件资料不齐备，在整理相关事件时分析具体差错原因比较困难。并且在以往对管制员疲劳不安全事件的调查中没有对空管疲劳的人的因素做专项记录，国内现有统计分析样本数量偏少，美国航空安全报告系统中的统计数据具有一定的客观性与局限性。通过对2011—2015年管制员疲劳不安全事件的人的因素差错统计，可以发现以下基本规律：从人-机-环-管等环节看，人的因素、管理因素造成的差错占到绝大部分。

8.6 小 结

根据上述管制员疲劳不安全事件特征统计，结合管制员疲劳不安全事件统计分析表（附录1），从空管系统的人-机-环-管等安全环节上看，人的因素所造成的差错占总量绝大部分，管理原因占差错的比重也比较大；从发生的地区、管制责任单位来看，经济发达、人员聚集地区明显高于经济一般地区。这些地区和管制单位空中交通流量较大，管制员的工作负荷较大，较易导致管制员疲劳而引发不安全事件。这足以反映出空管中人的因素对飞行安全的影响，人的因素已经成为空管安全管理最关键的因素。目前我国民航业进入一个高速发展的时期，民航业高速发展的同时给航空安全带来了重大挑战。我国的国情是东西部经济发展不均衡，东部飞行流量远高于西部，因此国内管制单位的管制手段、管制间隔并不统一。要想从根本上改善民航空管安全面貌，必须运用科学的方法，从空管系统和管理上采取有效的手段查找事故发生的起因，建立完善有效的空管疲劳风险评估系统和空管疲劳管理系统，加强安全管理，预防事故发生。所以，开展重要疲劳不安全事件的预防与控制的研究，对保护人民生命财产安全和我国民航事业的持续、快速、健康发展具有重大意义。

9 结　论

本书介绍了国内外疲劳研究的相关情况，相关的研究过程及国内外对管制员疲劳的研究内容和研究趋势；详细阐述了疲劳的相关内容，以及管制员疲劳研究所依据的睡眠科学原理、生物钟和昼夜节律，还叙述了针对管制员工作特点的排班制度和生理周期的相关内容；通过对宏观因素和微观因素的分析，明确了管制员疲劳的构成机理，找到了影响管制员疲劳的这两个方面的因素。

运用 SHEL 模型从 L 界面、L-L 界面、L-H 界面、L-E 界面、L-S 界面对管制员疲劳影响因素进行了分析，在此基础上运用贝叶斯网络的诊断推理和支持推理形式构建了管制员疲劳致因因素关系图，考虑到对疲劳的管理构建了相应的控制策略；通过系统理论分析管制系统中人-机-环-管四个方面对管制员疲劳的影响因素。

通过文献分析全面筛选疲劳评价指标，用实地访谈法对指标做了初步筛选，进一步编制调查问卷对评价指标做了最终的筛选，构建了管制员疲劳评价指标体系；运用层次分析法确定评价指标的初始权重，构建了基于组合权重的管制员疲劳评价模型，即运用层次分析法分析管制员疲劳因素中哪些因素为主要影响因素，哪些更容易诱发管制疲劳，从而采取相应的防范措施。

通过对管制员疲劳风险管理的定义范围、管理现状、规范文件、管理过程这四个方面的简要阐述，明确了管制员疲劳风险管理系统的结构内容、应用准则；同时简析了管制员疲劳风险管理的具体实施过程和安全保障过程，为空管单位提供具体开展管制员疲劳风险管理工作的实施指南；再通过介绍管制员疲劳风险管理的宣传及培训信息计划，为使用者提供了具体的培训大纲和框架信息；最后结合民航局 SSP 的有关管理要素和要求，提出建立适用于我国的管制员疲劳风险管理系统的监督反馈机制。以上通过对管制员疲劳风险管理的介绍，为各空管运行单位开展管制员疲劳风险管理提供理论参考和实施大纲。

疲劳是人的因素的重要组成部分，也是影响管制员工作中出现差错的重要因素。疲劳对航空安全的危害是出乎意料和难以估计的，减少疲劳、防止疲劳累积对于维护航空安全和保障管制安全具有十分重要的意义。在日常的工作生活中管制员要学会自我调节，加强工作进取心和工作兴趣，克服消极情绪，积极参加有益的活动和体育锻炼，丰富自己的业余生活；管制员除了要充分安排好业余时间的活动，也要保证上班前8小时的睡眠时间；管制单位要充分保证管制员的休假和休息时间，同时合理安排每个管制员的工作负荷。总之，管制工作是个脑力劳动，降低管制疲劳、提高工作效率需要各方面的理解与支持，同时，每一位管制员也需要加强对自身的了解和把握。只有从这些点滴做起，安全工作才能真正落实，将管制疲劳不安全事件防患于未然。通过本书的论述，希望能够使广大空管运行人员意识到管制疲劳对航空安全的危害，并希望所提到的防范对策和方法能够真正帮助管制员缓解管制疲劳，从而保证运行安全。

附录 1　空管不安全事件原因分析统计汇总表

要素	序号	差错分析	次数	要素	序号	差错分析	次数
个人因素	1	漏发放行指令	1	硬件因素	23	管制雷达虚假信号多	1
	2	未戴耳机			24	雷达表牌未自动相关	1
	3	个人违章操作	28		25	航空器未安装二次应答机	1
	4	地空通话不规范	1		26	设备布局不合理	1
	5	注意力分配不当	29	环境因素	27	地空通信频率干扰严重	
	6	小流量时，思想麻痹	16		28	能见度差	
	7	疲劳上岗	4		29	室内噪音大	1
	8	能力有限，大流量时指挥混乱	5	管理因素	30	工作程序不合理	5
	9	业务知识掌握不牢	11		31	规章制度不合理	7
	10	特情处置能力差	20		32	值班时做与管制无关的事	7
	11	管制员口误，言不由衷	5		33	管制过程中脱岗，领导督促检查不到位	5
	12	雷达停机检修，丧失雷达监控条件，不适应	1		34	因排班不科学，管制员超时或疲劳工作	2
	13	提供错误场压	1		35	未执行双岗制	17
	14	未认真听飞行员复述	11		36	飞行计划存在错误	7
人与人因素	15	双语通话			37	进程单填写不规范	5
	16	班组配合不当	17				
	17	教员对见习者放手量大	16				
	18	未实施有效监控	30				
	19	提前进行管制移交	3				
	20	两管制区之间的协调移交不够	12				
	21	未掌握航行资料情报	1				
	22	交接班有误	1				

附录 2　空中交通管制员疲劳致因调查问卷

尊敬的管制人员，您好：

为评估管制员的疲劳风险，掌握管制员疲劳状况，分析管制员疲劳的致因，为管制员疲劳风险评估提供数据基础，需要利用调查问卷采集相关数据，希望各位管制员能够抽出宝贵的时间，根据您的实际情况填写问卷。感谢您的参与以及为空管持续安全所做出的贡献！

本人郑重承诺，本调查仅作为论文研究之用，不做任何其他用途，亦不会做个别数据的处理，请您放心作答，期盼您提供翔实信息！

第 1 题　您的性别？[单选题]

◎ 男性

◎ 女性

第 2 题　您的年龄？[单选题]

◎ 20～30 岁

◎ 30～40 岁

◎ 40～45 岁

◎ 45～50 岁

◎ 50 岁以上

第 3 题　您的工作单位？[单选题]

◎ 华北空管局

◎ 东北空管局

◎ 西南空管局

◎ 西北空管局

◎ 华东空管局

◎ 中南空管局

◎ 新疆空管局

◎ 地方机场空管单位

◎ 通用机场空管单位

◎ 其他单位

第 4 题　您的工作岗位？（如果为轮岗制，选择您现在的岗位即可）[单选题]

◎ 塔台管制室

◎ 进近管制室

◎ 区域管制室

◎ 空中交通服务报告室

◎ 运管中心

◎ 其他

第 5 题　您的具体管制技术等级？[多选题]

◎ 主任管制员

◎ 管制教员

◎ 检查员

◎ 管制员

◎ 一级管制员

◎ 二级管制员

◎ 三级管制员

◎ 四级管制员

◎ 五级管制员

◎ 见习管制员

第 6 题　是否有其他病症影响您的身体健康？影响程度如何？[单选题]

◎ 无

◎ 有（轻度影响）

◎ 有（严重影响）

第 7 题　您觉得自己现在的疲劳类型是？[单选题]

◎ 不疲劳

◎ 急性疲劳

◎ 慢性疲劳

◎ 累积疲劳

◎ 过度疲劳

◎ 其他

第 8 题　您在以下哪个时段执勤时容易产生疲劳感？[多选题]

◎ 00:00—03:00

◎ 03:00—07:00

◎ 07:00—10:00

◎ 10:00—12:00

◎ 12:00—14:00

◎ 14:00—16:00

◎ 16:00—18:00

◎ 18:00—20:00

◎ 20:00—22:00

◎ 22:00—24:00

第 9 题　您觉得自己现在的疲劳类型是？[单选题]

◎ 不疲劳

◎ 急性疲劳

◎ 慢性疲劳

◎ 累积疲劳

◎ 过度疲劳

◎ 其他

第 10 题　您认为在工作中下列哪些因素会导致您产生疲劳感？[多选题]

◎ 自身身体因素

◎ 睡眠作息因素

◎ 工作负荷因素

◎ 执勤排班因素

◎ 运行条件因素

◎ 工作环境因素

◎ 设备设施因素

◎ 组织管理因素

◎ 班组搭配因素

◎ 其他相关因素

第 11 题　在自身身体因素方面，下列哪些指标容易导致您产生疲劳感？[多选题]

◎ 身体健康状况

◎ 心理健康状况

◎ 生活饮食习惯

◎ 疾病及服药史

◎ 其他

第 12 题　在睡眠作息因素方面，下列哪些指标容易导致您产生疲劳感？[多选题]

◎ 睡眠时间

◎ 睡眠质量

◎ 休息室条件

◎ 休息室环境

◎ 生物周期

◎ 昼夜节律

◎ 其他

第13题 在工作负荷因素方面，下列哪些指标容易导致您产生疲劳感？[多选题]

◎ 工作压力

◎ 航班架次

◎ 带教新人

◎ 管制方法

◎ 不规律作息

◎ 特殊工作时段

◎ 特殊情况处理

◎ 外部协调与内部沟通

◎ 其他

第14题 在执勤排班因素方面，下列哪些指标容易导致您产生疲劳感？[多选题]

◎ 轮班模式

◎ 连续执勤时间

◎ 岗位执勤时间

◎ 加班和休假制度

◎ 航班流量高峰期执勤

◎ 其他

第15题 在运行条件因素方面，您觉得下列哪些指标容易导致您产生疲劳感？[多选题]

◎ 空域结构

◎ 气象条件

◎ 军航限制

◎ 通航飞行

◎ 无线电干扰

◎ 无人机飞行

◎ 其他

第16题 在工作环境因素方面，下列哪些指标容易导致您产生疲劳感？[多选题]

◎ 温度和湿度

◎ 空气质量

◎ 设备噪音

◎ 灯光强度

◎ 地理环境

◎ 设备辐射程度

◎ 室内卫生状况

◎ 设备震动强度

◎ 其他

第 17 题　在设备设施因素方面，下列哪些指标容易导致您产生疲劳感？[多选题]

◎ 设备稳定性

◎ 设备可靠性

◎ 设备可操作性

◎ 设备布局方式

◎ 人-机交互界面

◎ 其他

第 18 题　在组织管理因素方面，下列哪些指标容易导致您产生疲劳感？[多选题]

◎ 单位人文氛围

◎ 上级检查频率

◎ 领导关注程度

◎ 相关资质审查

◎ 人员管理制度

◎ 单位奖惩制度

◎ 参加行政会议频率

◎ 参与学习培训频率

◎ 其他

第 19 题　在班组搭配因素方面，下列哪些指标容易导致您产生疲劳感？[多选题]

◎ 同班组人员工作能力差异大

◎ 同班组人员工作经验差异大

◎ 同班组人员性格差异大

◎ 同班组人员沟通不足

◎ 同班组人员人际关系不良

◎ 其他

第 20 题　在其他因素方面，下列哪些指标容易导致您产生疲劳感？[多选题]

◎ 工资薪酬

◎ 社交状况

◎ 上下班路程

◎ 职业生涯规划

◎ 非执勤时间的累积疲劳

◎ 家庭及婚姻状况

◎ 单位后勤服务质量

◎ 其他

附录3　管制员个性特征调查表

下面是一些描述性格特点的句子，请根据每个句子与您的性格相符程度选择相应的数字。数字1代表非常不符合，数字2代表比较不符合，数字3代表一般，数字4代表比较符合，数字5代表非常符合。请根据您的实际情况在相应数字上圈出。

序号	题目	选项				
		非常不符合	比较不符合	一般	比较符合	非常符合
1	健谈	1	2	3	4	5
2	会指出别人的错误	1	2	3	4	5
3	工作严谨认真	1	2	3	4	5
4	心理状态是忧伤的、沮丧的	1	2	3	4	5
5	富有创造性，经常会有新想法	1	2	3	4	5
6	精力充沛	1	2	3	4	5
7	乐于助人	1	2	3	4	5
8	是可靠的工作伙伴	1	2	3	4	5
9	处于放松状态、能较好地应付压力	1	2	3	4	5
10	对许多事物抱有好奇心	1	2	3	4	5
11	果断	1	2	3	4	5
12	有时会冷漠和冷淡	1	2	3	4	5
13	往往没有条理	1	2	3	4	5
14	有时会紧张	1	2	3	4	5
15	不墨守成规、考虑周到	1	2	3	4	5
16	有时会害羞、拘谨	1	2	3	4	5
17	对所有人都友善	1	2	3	4	5
18	坚持不懈直到任务完成	1	2	3	4	5

19	事事担心	1	2	3	4	5
20	有活跃的想象力	1	2	3	4	5
21	开朗、善交际	1	2	3	4	5
22	难免会对别人蛮横不讲理	1	2	3	4	5
23	做事有效率	1	2	3	4	5
24	情绪稳定，很少心烦意乱	1	2	3	4	5
25	重视艺术和审美的体验	1	2	3	4	5
26	喜欢安静	1	2	3	4	5
27	乐于合作	1	2	3	4	5
28	制订计划并按计划实施	1	2	3	4	5
29	容易焦虑、不安	1	2	3	4	5
30	喜欢思考、好琢磨	1	2	3	4	5

附录4　生活变化值表

序号	生活事件	*LCU* 值	序号	生活事件	*LCU* 值
1	配偶死亡	100	19	升职或降级	28
2	离婚	73	20	有官司缠身	29
3	夫妻分居	65	21	亲友失踪	25
4	近亲死亡	63	22	配偶就业或失业	25
5	家人活自己生病	53	23	感觉身体状况不好	25
6	结婚	47	24	与上级争吵	23
7	婚姻、爱情出现危机	45	25	遭遇误会	18
8	中奖	45	26	家中失窃	18
9	遭到领导批评	44	27	节假日值班	12
10	经济状况恶化	43	28	休假天气变化无常	15
11	子女离家	40	29	被临时安排值班	13
12	一般亲友死亡	32	30	生活习惯被改变	13
13	子女失学、升学	32	31	迁居	12
14	听见别人议论自己	31	32	被上级或同事表扬	10
15	与人不和	30	33		
16	路遇或遭遇车祸	30			
17	数额较大的借款	29			
18	抵押或借出的款坏账	28			

姓名		观察时间		管制级别		所在班组	
年龄		管制年限		所在席位			
所在单位				*LCU* 值		一年内 *LCU* 值和 *M*	
执照类型							
备注							

附录 5　空中交通管制员睡眠质量调查问卷

（PSQI 量表）

尊敬的管制人员，您好：

为了解管制员的睡眠情况，需要利用调查问卷采集相关数据，希望各位管制员能够抽出宝贵的时间，根据您的实际情况填写问卷。感谢您的参与以及为空管持续安全所做出的贡献！

本人郑重承诺，本调查仅作为论文研究之用，不做任何其他用途，亦不会做个别数据的处理，请您放心作答，期盼您提供翔实信息！

1. 近 1 个月，通常情况下，您晚上上床时间是_____点_____分。[填空题]

2. 近 1 个月，您从上床到入睡通常需要_____分钟。[填空题]

3. 近 1 个月，通常您早上_____点_____分起床。[填空题]

4. 近 1 个月，您每晚实际睡眠时间为_____小时。[填空题]

5. 近一个月，您是否不能在 30 分钟内入睡？[矩阵量表题]

	没有	平均每周少于 1 晚	平均每周 1～2 晚	平均每周多于 3 晚
选项	○	○	○	○

6. 近一个月，您在夜间是否易醒或早醒？[矩阵量表题]

	没有	平均每周少于 1 晚	平均每周 1～2 晚	平均每周多于 3 晚
选项	○	○	○	○

7. 近一个月，您在夜间是否频繁起床上洗手间？[矩阵量表题]

	没有	平均每周少于 1 晚	平均每周 1～2 晚	平均每周多于 3 晚
选项	○	○	○	○

8. 近一个月，您在睡觉时是否感觉呼吸不畅？[矩阵量表题]

	没有	平均每周少于 1 晚	平均每周 1～2 晚	平均每周多于 3 晚
选项	○	○	○	○

9. 近一个月，您在睡觉时是否打鼾？[矩阵量表题]

	没有	平均每周少于 1 晚	平均每周 1～2 晚	平均每周多于 3 晚
选项	○	○	○	○

10. 近一个月，您在睡觉时是否感觉忽冷忽热？[矩阵量表题]

	没有	平均每周少于1晚	平均每周1～2晚	平均每周多于3晚
选项	○	○	○	○

11. 近一个月，您在睡觉时是否失眠多梦？[矩阵量表题]

	没有	平均每周少于1晚	平均每周1～2晚	平均每周多于3晚
选项	○	○	○	○

12. 近一个月，您在睡觉时是否感觉疼痛不适？[矩阵量表题]

	没有	平均每周少于1晚	平均每周1～2晚	平均每周多于3晚
选项	○	○	○	○

13. 近一个月，是否存在其他因素影响您的睡眠？[矩阵量表题]

	没有	较少	一般	很多
选项	○	○	○	○

14. 近1个月，您认为自己的睡眠质量如何？[矩阵单选题]

	很好	较好	一般	较差	很很差
选项	○	○	○	○	○

15. 近1个月，您是否经常需要服药才能入睡？[矩阵量表题]

	没有	平均每周少于1晚	平均每周1～2晚	平均每周大于3晚
选项	○	○	○	○

16. 您的睡眠习惯是？[矩阵单选题]

	早睡早起	早睡晚起	晚睡早起	晚睡晚起
选项	○	○	○	○

17. 您曾经是否因睡眠障碍就诊？（如回答是，请填写就诊结果）[矩阵文本题]

是	________________
否	________________

附录 6　原始调查表

尊敬的管制人员，您好：

非常感谢您能抽出宝贵的时间来协助我们完成这次调查问卷。

我们是民航局“安全能力建设资金”项目“管制员疲劳风险管理研究”项目组的成员，为了解管制员的疲劳状况及影响因素，项目组编制了本调查问卷，向您收集有关疲劳影响因素以及您自身的疲劳感受，目的是找出疲劳的致因及控制的措施，最终达到有效促进管制人员身心健康的目标。为了保障本次调查内容的质量，请您认真回答，谢谢您的配合！

本项目组郑重承诺，本调查仅作为项目研究之用，不做任何其他用途，亦不会做个别数据的处理，请您放心作答，敬盼您提供翔实的信息。

管制员疲劳研究项目组

请您在“________”上按要求填写，或在选项之后的“□”内打“√”

1.1　个人基本信息

年龄：______　性别：______　民族：______　单位：______________

学历：研究生及以上□　大学本科□　大专□　高中□　中专□

工作时间：______年

是否持照：是□　否□

岗位：（请您在相应的岗位上画“√”；如果为轮岗制，选择您现在的岗位即可）

塔台　1）主任管制员□　2）管制教员□　3）检查员□
　　　4）管制员□　5）见习管制员□

进近　1）主任管制员□　2）管制教员□　3）检查员□
　　　4）管制员□　5）见习管制员□

区调　1）区域管制员（单扇区放单□/多扇区放单□）
　　　2）主任管制员□　3）见习管制员□

飞服　1）带班主任□　2）统计员□　3）管制教员□
站调　4）检查员□　5）管制员□　6）见习管制员□
情报　7）情报教员□　8）检查员□
　　　9）情报员□　10）见习情报员□

运管　1）监控室管制员□　2）流量室管制员□

1.2　家庭状况

婚姻状况：　未婚□　　已婚□　　离异□　　丧偶□　　分居□

子女个数：　无□　　　一个□　　两个及以上□

1.3　个人习惯、生活偏好和健康状况信息

饮食是否规律：否□　　是□

饮食是否有营养：否□　　是□　　营养过剩□　　不清楚□

饮食偏好：高脂□　　清淡□　　喜素□　　喜荤□

是否饮酒：不饮酒□　　有时饮酒□（每周____次，每次____毫升）

　　　　嗜酒□（饮酒____年，日均____毫升）

是否吸烟：不吸烟□　　已戒烟□　　吸烟□　初次___岁，吸___年，平均每天___支

体育锻炼：否□　是□，坚持___年，每周锻炼___次，每次___分钟，锻炼项目有

身体健康状况自评：良好□　　一般□　　较差□

是否患有慢性病：否□　　是□，若是，患有何种慢性病：________________

心里健康状况自评：良好□　　一般□　　较差□

是否有心理疾病：否□　　是□，若是，患有何种心理疾病：______________

是否需要长期服药：否□　　是□，原因是：______________________

1.4　对疲劳的认知

疲劳是否影响管制工作：无影响□　　有一些影响□　　有严重影响□

是否了解疲劳相关知识：不了解□　　有一些了解□　　非常了解□

1.5　影响疲劳的因素

您认为下面哪个因素最容易导致您的疲劳：

□自身健康因素　　□设备设施因素　　□运行环境因素

□执勤排班因素　　□工作负荷因素　　□组织文化因素

您在执勤期间哪个时段最容易疲劳？疲劳时的您会有怎样的反应？

您认为影响疲劳的相关因素有哪些？可以采取哪些措施进行控制？

您对预防及缓解管制员疲劳的建议：

疲劳影响因素调查表

下表列出了部分可能会对疲劳造成影响的因素，请逐条阅读，根据您个人情况填写在“______”处或在与您情况相符的“□”内打“√”。

因素类别	影响因素
排班因素	1）您的轮班模式：□两班倒 □三班倒 □其他 早班开始时间：______点 晚班开始时间：______点
	2）您的工作中连续执勤时间是（从到达指定工作地点报到时间开始，到完成工作时刻为止的连续时间段）： 通常______小时，最多______小时
	3）您的岗位执勤时间时（从到达相应管制岗位开始，到完成岗位工作时刻为止的连续时间段）： 白班：通常______小时，最多______小时； 夜班：通常______小时，最多______小时
	4）近1个月内，临时加班的次数大约为____次；临时换班的次数大约为____次
	5）近1个月内，您的白班次数为____次；您的夜班次数为____次
	6）您在连续工作2小时后是否得到充分的休息？ 是□ 否□
	7）您自身睡眠习惯是否适应当前的轮班制度？ 是□ 否□
工作负荷	1）您对工作负荷总体感受是：低□ 中□ 高□
	2）近期，高峰小时需指挥的航空器数量： 通常____架，最少____架，最多____架
	3）一天中飞行量接近或超过规定小时容量的次数： 通常____次，最少____次，最多____次
	4）近期，一天中处理异常情况（航空器返航、备降、特情处置）的次数： 通常____次，最少____次，最多____次
	5）一周中管制运行受到限制（例如军方限制、其他管制单位限制）的次数： 通常____次，最少____次，最多____次
	6）您觉得导致您工作负荷的主要因素是： 军方限制□ 天气□ 空域□ 外部协调与内部沟通□ 异常情况处理□ 带新□ 其他□
工作环境	7）单位提供的休息处环境如何？较差□ 一般□ 较好□ 理由______
	8）您觉得管制工作中设备是否存在问题？是□ 否□ 如果是，表现在：稳定性□ 使用性能□ 设备布局□ 其他___
	9）每个月参加的行政工作/会议：通常___次，最少___次，最多___次
	10）每个月参加的在职学习培训： 通常___次，最少___次，最多___次；在职培训占据休息时间的____%
	11）上下班途中通常需要多长时间：____小时____分钟
	12）您工作团队管制人员配置的特点/问题是： 工作经验差异大□ 性格差异大□ 沟通不足□ 其他________
	13）您认为您单位的人文环境是否优越？是□ 否□

管制员睡眠状况调查表

请根据您近1个月的睡眠状况，填写或选择出最符合您实际情况的答案。

1. 近1个月，通常情况下，晚上上床时间是____点____分。

2. 近1个月，从上床到入睡通常需要______分钟。

3. 近1个月，通常早上____点____分起床。

4. 近1个月，每晚通常实际睡眠时间为____小时。

5. 近1个月，您是否因为下列情况而影响睡眠，在相应的频率上打“√”。

睡眠影响因素	近1个月没有	平均每周不足1晚	平均每周1~2晚	平均每周3晚以上
a. 不能在30分钟内入睡				
b. 夜间易醒或早醒				
c. 夜间起床上洗手间				
d. 呼吸不畅				
e. 打鼾				
f. 感觉冷				
g. 感觉热				
h. 多梦				
i. 疼痛不适				
j. 其他______________				

6. 近1个月，总的来说，您认为自己的睡眠质量如何？

很好□　较好□　较差□　很差□

7. 近1个月，您是否经常需要服药才能入睡？

没有□　平均每周不足1晚□　平均每周1~2晚□　平均每周3晚以上□

8. 您的睡眠习惯：早睡早起□　早睡晚起□

晚睡早起□　晚睡晚起□

9. 是否曾因睡眠障碍就诊：是□　否□

若是，诊断结果为__________________________

附录 7　空中交通管制员疲劳状态调查问卷

尊敬的管制人员，您好：

为了解管制员的疲劳程度，制定管制员疲劳缓解措施，为评估管制员疲劳风险奠定数据基础，需要利用调查问卷采集相关数据，希望各位管制员能够抽出宝贵的时间，根据您的实际情况填写问卷。感谢您的参与以及为空管持续安全所做出的贡献！

本人郑重承诺，本调查仅作为论文研究之用，不做任何其他用途，亦不会做个别数据的处理，请您放心作答，期盼您提供翔实信息！

1. 您的性别？[单选题]

○男性

○女性

2. 您的年龄？[单选题]

○20～30 岁

○30～40 岁

○40～45 岁

○45～50 岁

○50 岁以上

3. 您的工作单位？[单选题]

○华北空管局

○东北空管局

○西南空管局

○西北空管局

○华东空管局

○中南空管局

○新疆空管局

○地方机场空管单位

○通航机场空管单位

4. 您的工作岗位？（如果为轮岗制，请选择您现在的岗位）[单选题]

○塔台管制室

○进近管制室

○区域管制室

○空中交通服务报告室

○运管中心

○其他

5. 您的具体管制技术等级？[多选题]

○主任管制员

○管制教员

○检查员

○一级管制员

○二级管制员

○三级管制员

○四级管制员

○五级管制员

○见习管制员

6. 您觉得自己的身体健康状况是？[单选题]

○良好

○一般

○较差

○是

○否

7. 你觉得自己现在的疲劳等级是？[单选题]

○不疲劳（ $F_L=0$ ）

○轻微疲劳（ $F_L=1$ ）

○中等疲劳（ $F_L=2$ ）

○严重疲劳（ $F_L=3$ ）

8. 最近一个月，您是否感觉精神状态不好，容易疲倦、劳累？[矩阵量表题]

	无或偶尔有	少部分时间有	一半时间有	大部分时间有	几乎一直有
选项	○	○	○	○	○

9. 最近一个月，您是否睡眠时间不够、睡眠质量不好？[矩阵量表题]

	无或偶尔有	少部分时间有	一半时间有	大部分时间有	几乎一直有
选项	○	○	○	○	○

10. 最近一个月，您是否感到犯困或昏昏欲睡？[矩阵量表题]

	无或偶尔有	少部分时间有	一半时间有	大部分时间有	几乎一直有
选项	○	○	○	○	○

11. 最近一个月，您是否感到四肢酸软、疲乏无力、体力不支？[矩阵量表题]

	无或偶尔有	少部分时间有	一半时间有	大部分时间有	几乎一直有
选项	○	○	○	○	○

12. 最近一个月，您是否感到注意力不集中、记忆力下降、容易忘事等？[矩阵量表题]

	无或偶尔有	少部分时间有	一半时间有	大部分时间有	几乎一直有
选项	○	○	○	○	○

13. 最近一个月，您在执行管制任务时是否感觉到记忆困难？[矩阵量表题]

	无或偶尔有	少部分时间有	一半时间有	大部分时间有	几乎一直有
选项	○	○	○	○	○

14. 最近一个月，您在执行管制任务时是否感觉到通话困难？[矩阵量表题]

	无或偶尔有	少部分时间有	一半时间有	大部分时间有	几乎一直有
选项	○	○	○	○	○

15. 最近一个月，您在执行管制任务时是否感觉到操作困难？[矩阵量表题]

	无或偶尔有	少部分时间有	一半时间有	大部分时间有	几乎一直有
选项	○	○	○	○	○

16. 最近一个月，您在执行管制任务时是否经常打哈欠？[矩阵量表题]

	无或偶尔有	少部分时间有	一半时间有	大部分时间有	几乎一直有
选项	○	○	○	○	○

17. 最近一个月，您在执行管制任务时是否感觉到不能集中注意力？[矩阵量表题]

	无或偶尔有	少部分时间有	一半时间有	大部分时间有	几乎一直有
选项	○	○	○	○	○

18. 最近一个月，您在执行管制任务时是否感觉到眼睛酸涩、口干舌燥？[矩阵量表题]

	无或偶尔有	少部分时间有	一半时间有	大部分时间有	几乎一直有
选项	○	○	○	○	○

19. 最近一个月，您在执行管制任务时是否感觉到有压力、厌倦懈怠？[矩阵量表题]

	无或偶尔有	少部分时间有	一半时间有	大部分时间有	几乎一直有
选项	○	○	○	○	○

20. 最近一个月，您在执行管制任务时是否感觉到紧张、身体灵活性下降？[矩阵量表题]

	无或偶尔有	少部分时间有	一半时间有	大部分时间有	几乎一直有
选项	○	○	○	○	○

21. 最近一个月，您在执行管制任务时是否感觉到头脑不清晰、思维缓慢？[矩阵量表题]

	无或偶尔有	少部分时间有	一半时间有	大部分时间有	几乎一直有
选项	○	○	○	○	○

22. 最近一个月，您在执行管制任务时是否需要思考很久才能做出正确判断或发布指令？[矩阵量表题]

	无或偶尔有	少部分时间有	一半时间有	大部分时间有	几乎一直有
选项	○	○	○	○	○

附录 8　航空航天作业负荷指数（NASA-TLX）量表

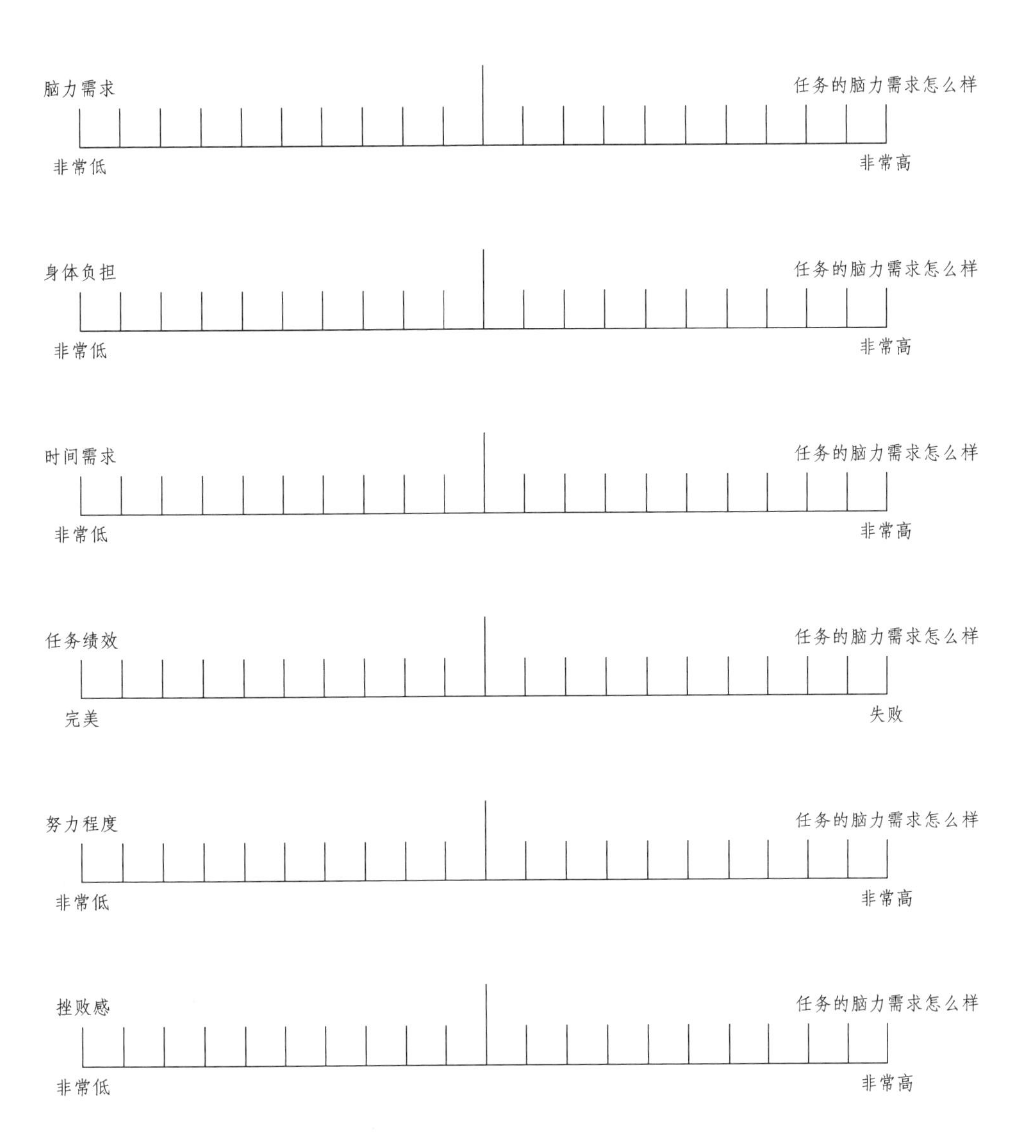

附录 9　作业疲劳症状自评量表

（日本产业疲劳研究会）

项目	全然没有	稍微有点	有些明显	相当明显	非常明显
1. 头重感	1	2	3	4	5
2. 事未遂愿，心中着急、不快、易怒	1	2	3	4	5
3. 眼睛发干	1	2	3	4	5
4. 情绪不佳，感觉不舒适，像生病一样	1	2	3	4	5
5. 心神不定，胡思乱想，心烦意乱	1	2	3	4	5
6. 头部疼痛	1	2	3	4	5
7. 眼睛疼痛	1	2	3	4	5
8. 颈肩酸痛	1	2	3	4	5
9. 头昏脑涨，思维不清晰	1	2	3	4	5
10. 打哈欠	1	2	3	4	5
11. 手部或手指疼痛	1	2	3	4	5
12. 眩晕，头昏眼花	1	2	3	4	5
13. 困倦，瞌睡打盹	1	2	3	4	5
14. 无精打采，不想做事	1	2	3	4	5
15. 心中忧虑，焦急不安	1	2	3	4	5
16. 视觉模糊，视物不清	1	2	3	4	5
17. 全身酸困，周身疲乏	1	2	3	4	5
18. 情绪沮丧，心境郁闷	1	2	3	4	5
19. 记忆下降，动作迟缓	1	2	3	4	5
20. 注意力涣散，精力难以集中	1	2	3	4	5
21. 犯困，想休息	1	2	3	4	5
22. 眼睛疲乏劳累，流泪	1	2	3	4	5
23. 腰部酸痛	1	2	3	4	5
24. 眼睛发涩、朦胧惺忪，眼皮抬不起来	1	2	3	4	5
25. 腿脚发软、酸痛	1	2	3	4	5

附录 10　Samn-Perelli 7 级疲劳量表

分级	自我感觉
1	非常警觉，完全清醒
2	很有活力，敏感，但已不处于顶峰状态
3	有些活力
4	有点疲倦，没有活力
5	中度疲倦
6	很疲倦，难以集中注意力
7	精疲力竭

附录 11 疲劳评定量表

1. 当我疲劳时，我感觉到昏昏欲睡	1 2 3 4 5 6 7
2. 当我疲劳时，我缺乏耐心	1 2 3 4 5 6 7
3. 当我疲劳时，我做事的欲望下降	1 2 3 4 5 6 7
4. 当我疲劳时，我集中注意力有困难	1 2 3 4 5 6 7
5. 运动使我疲劳	1 2 3 4 5 6 7
6. 闷热的环境导致我疲劳	1 2 3 4 5 6 7
7. 长时间的懒散使我疲劳	1 2 3 4 5 6 7
8. 精神压力导致我疲劳	1 2 3 4 5 6 7
9. 情绪低落使我疲劳	1 2 3 4 5 6 7
10. 工作导致我疲劳	1 2 3 4 5 6 7
11. 我的疲劳在下午加重	1 2 3 4 5 6 7
12. 我的疲劳在晨起加重	1 2 3 4 5 6 7
13. 进行常规的日常活动增加我的疲劳	1 2 3 4 5 6 7
14. 休息可减轻我的疲劳	1 2 3 4 5 6 7
15. 睡眠减轻我的疲劳	1 2 3 4 5 6 7
16. 处于凉快的环境时，可减轻我的疲劳	1 2 3 4 5 6 7
17. 进行快乐、有意义的事情，可减轻我的疲劳	1 2 3 4 5 6 7
18. 我比以往更容易疲劳	1 2 3 4 5 6 7
19. 疲劳影响我的体力劳动	1 2 3 4 5 6 7
20. 疲劳使我的身体经常出毛病	1 2 3 4 5 6 7
21. 疲劳使我不能进行持续性体力劳动	1 2 3 4 5 6 7
22. 疲劳对我胜任一定的职责和任务有影响	1 2 3 4 5 6 7
23. 疲劳先于我的其他症状出现	1 2 3 4 5 6 7
24. 疲劳是我最严重的症状	1 2 3 4 5 6 7
25. 疲劳属于我最严重的三个症状之一	1 2 3 4 5 6 7
26. 疲劳影响我的工作、家庭或生活	1 2 3 4 5 6 7
27. 疲劳使我的其他症状加重	1 2 3 4 5 6 7
28. 我现在所具有的疲劳在性质或严重程度方面与我以前所出现过的疲劳不一样	1 2 3 4 5 6 7
29. 我运动后出现的疲劳不容易消失	1 2 3 4 5 6 7

评定说明：疲劳意为一种倦怠感，精力不够或周身精疲力竭。上面是一组与疲劳有关的句子。请逐条阅读，并根据真实情况确定您是否同意以及程度如何。如果您完全同意，选“7”；如果完全不同意，选“1”；如果觉得介于两者之间，在“1”与“7”之间选择（适合您的）任意数字。中间值是“4”，当您的情况完全居中时，可选此值。

参考文献

[1] 王国忠.飞行疲劳概论[M]. 北京：中国轻工业出版社，2014：1-9.

[2] 刘俊杰，靳珊珊，高扬.飞行疲劳风险综合评价量化研究[J]. 中国安全科学学报，2011，21（7）：85-90.

[3] Fatigue management guide for air traffic service providers[Z]. Civil Air Navigation Services Organization，2016.

[4] WU FG，MU HY，FENG SJ. Analysis of the risk of air traffic controllers' fatigue based on the SHEL Model[C]. Fifth International Conference on Transportation Engineering，2015：2951-2958.

[5] 张晓全，潘晶，王欢，等. 机务人员疲劳致因影响分析[J]. 中国安全科学学报，2013，23（2）：97-102.

[6] 李相勇，蒋葛夫. 层次分析法（AHP）在驾驶疲劳致因分析中的运用[J]. 人类工效学，2003，9（2）：57-60.

[7] 牟海鹰，吴锋广. 基于 AHP 的飞行疲劳风险评价指标体系研究[J]. 价值工程，2015，2（3）：317-319.

[8] 李海燕，李永建. 民航飞行疲劳致因分析与对策研究[J]. 产业与科技论坛，2013，13（11）：98-99.

[9] Fatigue Risk Management Office. NASA controller fatigue assessment report[R]. NASA Fatigue Risk Management Office，2014.

[10] BOND，LANGHORNE POOLE，ROBERT W，JR. Why air traffic controllers fall asleep on the job[N]. Wall Street Journal，Eastern edition，2011（4）：A13.

[11] MEGAN A NEALLEY，VALERIE J GAWRON. The effect of fatigue on air traffic controllers[J]. The International Journal of Aviation Psychology，25（1）：14 47.

[12] 吴锋广. 空中交通管制员疲劳综合评价量化研究[D]. 成都：中国民航飞行学院，2016：19-22.

[13] 孙涛，陈宇. 空中交通管理的疲劳管理与预防[J]. 空中交通管理，2005（5）：4-10.

[14] 李京利，邹国良. 管制工作中的疲劳问题[J]. 空中交通管理，2005（5）：11-13.

[15] 詹皓，陈勇胜. 飞行疲劳研究[M]. 北京：国防工业出版社，2011：46-50.

[16] 汪应洛. 系统工程[M]. 北京：机械工业出版社，2008：78-120.

[17] 中国民用航空局.民航管制员疲劳管理参考学习资料[Z]（IB-TM-2017-01），2017.

[18] 张丽霞，潘福全. 飞行疲劳风险管理体系研究进展[J]. 农业机械学报，2009（8）：28-28.

[19] 孙涛，陈宇. 空中交通管制的疲劳管理和预防[J]. 空中交通管理，2005（5）：4-10.

[20] Alan Levin. NTSB：Fatigue threatens air safety[N]. USA TODAY，2007（4）.

[21] 汪磊，孙瑞山. 空中交通管制员疲劳状态实时监测方法的实现[J]. 安全与环境工程，2013，20（4）：87-91.

[22] 孟豫，王泉川. 飞行疲劳风险管理体系研究进展[J]. 中国安全科学学报，2014，24（11）：10-15.

[23] Manual for the oversight of fatigue management approaches[Z]. Second Edition International Civil Aviation Organization，2016.

[24] SWICKARD JAMES E. EBAA needs European Bizav input to shape upcoming flight time limitation rules[J]. Business & Commercial Aviation，2010，106（7）：18.

[25] LESNIEWSKI NIELS. FAA bill includes pilot training，flight-time limits[J]. CQ Weekly，2010，68（31）：1879.

[26] POWELL D M C，SPENCER M B，HOLLAND D，et al. Pilot fatigue in short-haul operations：Effects of number of sectors，duty length，and time of day[J]. Aviation Space and Environmental Medicine，2007，78（7）：698-701.

[27] 李龙利. 基于人因系统理论的空中交通管制工作负荷研究[J]. 陕西理工学院学报（自然科学版），2014（5）：33-37.

[28] Fatigue management guide for air traffic service providers[Z]. Civil Air Navigation Services Organization，2016.

[29] P GANDER.Fatigue management in air traffic control：The New Zealand approach[J]. Transportation Research Part F Traffic Psychology，2001，4（1）：49-62.

[30] FIONA BROWITT，MIKE RODGERS，DAVID DARWENT，et al Dead tired-how you can win the war against fatigue[D]. Flight safety Australia，2001.

[31] Transport Canada.TP 14572E.Fatigue risk management system for the Canada aviation industry：An introduction to managing fatigue，2007.4.

[32] Fatigue Risk Management Office. NASA controller fatigue assessment report[R]. NASA Fatigue Management Office，2014.

[33] 孙瑞山. 飞行疲劳风险综合分析及疲劳管理系统研究[N]. 中国民航报，2016，1（21）：001.

[34] ARNAB M. Confidential reporting schemes：The international experience[C]. ICASS Meeting in Singapore，2005：1-8.

[35] 詹皓，陈勇胜. 飞行疲劳研究[M]. 北京：国防工业出版社，2011：46-65.

[36] 王国忠. 飞行疲劳概论[M]. 北京：中国轻工业出版社，2014：116-126.

[37] 罗敏. 建立飞行疲劳监控和主动恢复的疲劳管理系统[J]. 中国民用航空，2008（8）：47-48.

[38] 孙殿阁，盖文妹，段炼，等. 基于生物数学模型的飞行疲劳预测建模与仿真[J]. 中国安全生产科学技术，2016，12（3）：165-168.

[39] CRAIG R，LAWTON，DWIGHT P，et al. Human performance modeling for system of systems analytics：Soldier fatigue[R]. Sandia National Laboratories，2005.

[40] MARTIN M E. Aviation fatigue risk models ：Evaluating readiness for FRMS implementation[R]. Circadian White Paper，2010.

[41] 丁松滨，石荣. 空中交通管制人员风险评价的证据理论模型[J]. 系统仿真学报，2007，19（15）：3368-3371.

[42] 赵鹏，宋存义. 我国民航实施安全管理体系（SMS）的思考[J]. 中国安全生产科学技术，2007，1（3）：99-101.

[43] FACON B, GENTON B J, SHYKOFF J, et al. A general eco-evolutionary framework for understanding bioinvasions[J]. Trends in Ecology & Evolution, 2006, 21(3):0-135.

[44] 杨英, 盛敬, 杨佳, 等. 基于神经网络的驾驶员觉醒水平双目标监测法[J]. 东北大学学报（自然科学版）, 2007, 28(3).

[45] 李学俊. 一种新的人脸分割算法[J]. 计算机科学, 2002, 29(z1):96-98.

[46] 范晓, 尹宝才, 孙艳丰. 基于嘴部 Gabor 小波特征和线性判别分析的疲劳检测[J]. 北京工业大学学报, 2009(3):127-131，150.

[47] 金立生, 王荣本, 储江伟, 等. 视觉导航自动车辆用 BP 神经网络数字识别方法的研究[J]. 计算机工程与应用, 2004, 40(14):18-21.